OrgonEnergieSysteme I

Pierre Kynast

Das vorliegende kleine Buch entstand im Zusammenhang mit der Entwicklung des ORENSYS CloudBuster Mini / CBM-1. Es führt kurz in die von Wilhelm Reich begründete Orgonomie der Atmosphärenbeeinflussung ein, beschreibt die Funktion und den Aufbau eines Cloudbusters und erklärt, dass ein Mensch unter bestimmten Bedingungen auch ohne Hilfsmittel dazu in der Lage ist, Wolken am Himmel aufzulösen. Weiterhin werden Hinweise für den Umgang mit dieser Technik gegeben. Der Zweck dieses Buches sowie des CloudBuster Mini ist es, allen Interessierten einen einfachen, schnellen, praktischen und, wenn man so will, spielerischen Zugang zur eigenen Entdeckung der Lebensenergie Orgon zu ermöglichen, um auf diesem Weg deren Kenntnis, Erforschung und Nutzung zu fördern.

OrgonEnergieSysteme I

Wolkenzerstäuben, Cloudbuster und

Regenmachen: Zur Orgonomie der

Atmosphärenbeeinflussung

Pierre Kynast

2015 / 127 N. Z.

Schlagworte

Orgon, Cloudbuster, Wilhelm Reich, Orgonomie, Meteorologie, Cloudbusting, Wolkenzerstäuben, Regenmachen, Atmosphärenbeeinflussung, Wetterbeeinflussung, Wettermachen, Orgontechnik, Orgonenergie, Lebensenergie, Lebenswissenschaft

ORENSYS / OrgonEnergieSysteme

http://www.orensys.de

Impressum

© Pierre Kynast, Merseburg, Deutschland, April 2015
Titel- und Umschlaggestaltung: Pierre Kynast
Titelbild: Cloud sky over Brest. Luca Lorenzi

© Erste Ausgabe: pkp Verlag, Pierre Kynast, Leuna, Deutschland, Juni 2015. Internet: http://www.pkp-verlag.de. Herstellung und Vertrieb: Books on Demand GmbH. Norderstedt. Paperback ISBN: 9783943519181, E-Book ISBN: 9783943519198

Inhalt

Vorwort

Die Information in diesem Buch basiert im Wesentlichen auf den Arbeiten von Wilhelm Reich. Sie ist insbesondere den im Literaturverzeichnis genannten Schriften von Wilhelm Reich entnommen und durch eigene Experimente bestätigt. Nach Reich – der testamentarisch verfügte, dass sein Werk erst 50 Jahre nach seinem Tod der Öffentlichkeit in Gänze zugänglich gemacht werden sollte – haben sich viele private Forscher intensiv mit seinen Erkenntnissen auseinandergesetzt, seine Experimente nachvollzogen und viele Thesen seiner Theorie bestätigt. Auch auf einige ihrer Arbeiten wurde zurückgegriffen. Sie sind ebenfalls im Literaturverzeichnis aufgeführt.

Auf der Suche nach wirklich alternativen, neuen Energien und angezogen von Reichs tragischem Lebenslauf wurde ich im Jahr 2011 auf ihn aufmerksam. Ich begann, mich mit seinem Werk zu beschäftigen und einige seiner Experimente selbst durchzuführen. Insbesondere interessierte mich die Temperaturdifferenz am Orgonakkumulator, da sie recht einfach einen objektiven Nachweis der von Reich entdeckten Orgon-Energie ermöglicht. Weiterhin beeindruckte mich die auf den ersten Blick phantastisch anmutende Möglichkeit, mit einfachsten Mitteln und ohne weitere Energiezufuhr die Wolkenbildung in der Atmosphäre zu beeinflussen. Beide Entdeckungen sind Marksteine auf dem Weg der Entwicklung eines tieferen Verständnisses für die Funktionen des Lebendigen und fordern die überkommenen Wissenschaften heraus, die sich bisher nur äußerst randständig diesem neuen Wissensgebiet geöffnet haben. Aus dem reichen Fundus von Reichs Arbeits- und Forschungsergebnissen ist aber die Entdeckung der Biogenese in den Bionexperimenten die wahrscheinlich bedeutendste.

Unsere überkommene Vorstellung lehrt, dass das Lebendige kategorisch vom Unbelebten geschieden ist und dass in der Folge nur aus Leben neues Leben hervorgehen kann. Es bleibt daher für diese Vorstellung ein Rätsel, wie überhaupt einst in einem toten Universum Leben entstanden sein könnte. Auf jeden Fall verlegt man diesen Vorgang in graue Vorzeit, nennt ihn vielleicht einen großartigen Zufall und geht davon aus, dass seitdem aus der Keimzelle des Lebens über Jahrmilliarden sich alles uns heute bekannte Leben in seiner Vielfalt entwickelte.

Reichs Bionexperimente konnten dagegen zeigen, dass die Biogenese, die Entstehung von Leben aus totem Material, ein quasi alltäglicher Vorgang ist. Damit ist, wenn man mit überkommenen Begriffen operiert, eine Brücke zwischen den Welten geschlagen, oder, wenn man es aus einer neuen Perspektive sehen will, eine grundlegend dualistische Weltsicht überwunden. Das von Reich so genannte Orgon – eine bisher unbekannte oder zumindest unbeachtete Energieform – ist Träger und Motor der Biogenese und lässt unsere Welt insofern als eine in gewisser Hinsicht lebendige Einheit erfassbar werden. Öffnet man sich diesen Gedanken, so drängt sich nicht zuletzt die Vermutung auf, dass Leben im Universum viel weniger die seltene Ausnahme als vielmehr die verbreitete Regel ist.

Das Anliegen des vorliegenden kleinen Buches ist es, den Zugang in das von Wilhelm Reich neu erschlossene Gebiet der Orgonomie mit dem vielleicht mächtigsten Schlüssel des Erkenntnisgewinns zu ermöglichen, – der eigenen Erfahrung. Da das Wolkenzerstäuben dem nicht informierten Leser geradezu spektakulär erscheinen muss – jedenfalls erschien es mir so – und darüber hinaus nur weniger oder in bestimmten Fällen gar keiner Hilfsmittel bedarf, ist es vielleicht am besten geeignet, den Blick für diese neue Welt zu öffnen. Zu diesem Zweck führt das Buch in aller möglichen Kürze in die Funktion des Wolkenzerstäubens ein.

Nach einer kurzen praktischen Anleitung kann der Interessierte sofort zur Tat schreiten und sich dann in den folgenden Kapiteln des Buches weiter in die Funktion des Cloudbusters, ihre theoretische Begründung und wichtige praktische Anwendungshinweise vertiefen. Da der Mensch als lebendiges Wesen aber zutiefst auch selbst von der (Wieder-)Entdeckung der

Lebensenergie und ihren Funktionen betroffen ist, wird insbesondere in Kapitel 4 auf deren Wirkungen im menschlichen Organismus eingegangen.

Reife des Mannes: das heißt den
Ernst wiedergefunden haben, den
man als Kind hatte, beim Spiel.

Friedrich Nietzsche
Jenseits von Gut und Böse. 94.

I   Wilhelm Reich, der Cloudbuster und das Wolkenzerstäuben

Wilhelm Reich wurde 1897 in Galizien geboren (seinerzeit Österreich-Ungarn, heute Polen und Ukraine). Während seines Medizinstudiums in Wien wurde er Schüler von Sigmund Freud und emigrierte, nachdem die Nationalsozialisten in Deutschland die Macht übernahmen, nach Norwegen. Von Norwegen, wo er die eingangs genannten Bionexperimente durchführte, emigrierte er nur wenige Jahre später infolge einer Rufmordkampagne in die USA. Hier forschte er weiter, bis ihm die Anwendung der von ihm entwickelten Orgonakkumulatoren verboten wurde und all seine Bücher, die sich mit Orgonenergie befassten, ebenfalls verboten, aus dem Verkehr gezogen und verbrannt wurden. Er starb 1957 kurz vor dem Ende einer Haftstrafe im Gefängnis von Lewisburg, Pennsylvania. Als Todesursache wurde Herzversagen angegeben. Eine Autopsie wurde verweigert.[1]

---

[1] Eine ausführlichere Biographie Wilhelm Reichs findet sich auf: http://www.wilhelmreichtrust.org/biography.html Der „Wilhelm Reich

In den 1930er Jahren hatte Wilhelm Reich infolge seiner psychologischen Arbeit und seiner physiologischen Forschung eine spezielle Energie des Lebendigen entdeckt, die er Orgon nannte. Im Anschluss an den objektiven Nachweis dieser Energie arbeitete er an deren Nutzbarmachung und entdeckte dabei in den 1950er Jahren unter anderem die Möglichkeit, die Wolkenbildung in der Atmosphäre mit recht einfachen technischen Mitteln zu beeinflussen. Die zu diesem Zweck entwickelten Geräte nannte er Cloudbuster. Entsprechend dieser Namensgebung wird der Prozess der Anwendung dieser Geräte „Cloudbusting" genannt, was ich wörtlich nicht ganz richtig aber durchaus sinngemäß mit „Wolkenzerstäuben" übersetzen möchte. Der Prozess des Wolken-*Zerstäubens* stellt aber gleichsam nur eine Seite der Medaille dar, denn mit derselben Technologie können auch Wolken geschaffen werden, bis hin zur Erzeugung von Regen. Ein Begriff, den Bernd Senf in Hinsicht auf das Wesen und die verschiedenen Möglichkeiten der orgonotischen Atmosphärenbeeinflussung geprägt hat, lautet „Himmelsakkupunktur".

Aufbauend auf Reichs Forschung wird in diesem Buch erklärt, dass auch ein Mensch allein, ohne technische oder chemische Hilfsmittel, die Wolkenbildung direkt merklich beeinflussen kann. Kurz: Es ist möglich, hinreichend kleine und hinreichend nahe Wolken durch bloßes Ansehen innerhalb kurzer Zeit aufzulösen. Das mag unglaublich scheinen, ist aber, ebenso wie andere Wirkungen der speziellen Energie des Lebendigen, experimentell nachvollziehbar und rational erklärbar. Den theoretischen Rahmen dafür bildet die von Wilhelm Reich begründete Orgonomie.

Im Folgenden werden nun, Stück für Stück tiefer gehend, die wesentlichen Aspekte und Funktionen der Orgonenergie in Hinsicht auf das Wolkenzerstäuben beschrieben. Sind diese Funktionen einmal verstanden, kann auch der Prozess des

---

Infant Trust" wurde von Wilhelm Reich wenige Monate vor seinem Tod testamentarisch gegründet und verwaltet seinen Nachlass.

Cloudbusting oder Wolkenzerstäubens theoretisch und praktisch relativ leicht nachvollzogen werden. Da aber nichts schlagender ist, als der praktische Beweis, nutzen Sie das neu erworbene Wissen und probieren Sie es selbst aus!

1.1   Bevor Sie beginnen

Wenn Sie entscheiden, sich mit eigenen Versuchen auf den Weg der Entdeckung der Lebensenergie Orgon zu begeben, sollten Sie sich darüber im Klaren sein, das Sie, als Person, in einem sehr ganzheitlichen Sinne, Teil dieser Versuche sein werden. Wenn Sie Orgontechnik, wie z.B. einen CloudBuster Mini (CBM) anwenden, stehen Sie nicht als neutraler Beobachter abseits des Geschehens, sondern werden selbst zum Teil eines Orgon-Energie-Systems.

Orgon ist die primordiale (uranfängliche, ursprüngliche) Energie des Lebendigen. Das jeweils konkrete Lebendige ist dementsprechend eine Ableitung, eine Funktion, ein Ausdruck der Dynamik dieser Energie. Geräte wie der CBM oder ein Orgonakkumulator beeinflussen die Dynamik dieser Energie, verändern die Richtung ihres Flusses und verstärken ihre Konzentration. Insofern der Anwender selbst ein Teil des mit diesen Geräten beeinflussten Orgon-Energie-Systems ist, beeinflussen die Veränderungen dieses Systems auch seine ganz persönliche, lebensenergetische Struktur.

Ihre Psyche und Ihr Soma oder Ihr Charakter und Ihr Körper sind gleichsam Spiegelbilder derselben gemeinsamen Ursache, Ihrer bio- oder lebensenergetischen Struktur. Diese bioenergetische Struktur wiederum ist Ausdruck, Grund und Folge des andauernden Prozesses, den wir Leben nennen. Sie formt und erhält sich in diesem Prozess, erfährt Veränderungen und Umformungen, ist in Teilen und in Gänze dem Werden und Vergehen ausgesetzt. All diese Prozesse, diese Formen und ihre Veränderungen drücken sich jederzeit direkt in den „Spiegelbildern" Psyche und Soma, Charakter und Körper, kurz, in Ihrer Persönlichkeit, in Ihrem ganz konkreten Handeln, Denken und Fühlen aus. Beobachten Sie daher aufmerksam Ihre emotionalen, mentalen und körperlichen Reaktionen im Zusammenhang mit der Anwendung von Orgontechnik.[2]

Im Normalfall wird sich Ihr bioenergetisches Niveau durch die Verwendung eines CloudBuster Mini oder eines Orgonakkumulators erhöhen. Abhängig vom Grad der Erhöhung und Ihrer bioenergetischen Struktur werden Sie diese Erhöhung entweder a) kaum oder gar nicht bemerken, b) als Glücksgefühl bis hin zu Euphorie empfinden oder c) als Sorge bis hin zu Angst spüren. Diesen Gefühlen entsprechend können a) eher gleichgültige, b) mehr oder weniger begeisterte oder auch c) ablehnende Gedanken aufkommen, die sich mehr oder weniger deutlich in Ihrem Verhalten niederschlagen. Im Fall a) könnten Sie z.B. dazu neigen, die Sache schnell ad acta zu legen oder sich unversehens schnell bei anderen Gedanken wiederzufinden. Im Fall b) könnten Sie dazu neigen, immer mehr zu wollen, z.B. noch eine Wolke, und noch eine Wolke… oder dazu, andere unbedingt von der Sache überzeugen zu wollen. Fall c) könnte dazu führen, dass Sie das Ganze als Humbug abtun, verdammen oder gar eine feindselige Haltung dagegen annehmen. In allen drei Fällen ist das Maß das Entscheidende. Bemerken Sie also, dass Sie in Richtung eines Pols abdriften, lassen Sie es – zumindest für den Moment – gut sein. Legen Sie das Gerät beiseite, widmen Sie sich anderen Angelegenheiten und lassen Sie das Erlebte ggf. in Ruhe durchsacken.

1.2 Wolkenzerstäuben in aller Kürze

Fokussieren Sie an einem Tag mit gutem orgonotischen Wetter[3] ein sehr kleines und sehr nahes Wölkchen, das möglichst

---

[2] Weitere Information dazu in Kapitel 4

[3] Wie der Himmel bei gutem orgonotischen Wetter aussieht, zeigt das Titelbild dieses Buches.

klar konturiert und weiß ist. Halten Sie Ihren Blick konzentriert und dauerhaft darauf gerichtet. Wenn das Wölkchen klein und nah genug ist, wird es sich mit hoher Wahrscheinlichkeit innerhalb von ein paar Minuten auflösen. Als Hilfsmittel können Sie einen CloudBuster Mini verwenden. Im Prinzip handelt es sich dabei um eine einfache Konstruktion aus zwei Eisenrohren und einem Scharnier. Das Gerät wird wie ein Fernrohr verwendet und hilft dabei, den Blick auf das Wölkchen zu konzentrieren. Weiterhin unterstützt und verstärkt das Gerät als konzentrierend-richtendes Element die natürliche, bioenergetische Funktion.

Gleich, ob Sie einen CloudBuster Mini nutzen oder nicht: Schauen Sie nie direkt in die Sonne und nicht zu lange auf Wolken, die die Sonne stark reflektieren. Vermeiden Sie auch den längeren, konzentrierten Blick auf schmutzige, schadstoffbelastete Wolken. Denken Sie daran, die Augen sind sehr sensible Organe. Bei längerem, konzentriertem Starren in den Himmel werden sie schnell unangenehm gereizt.

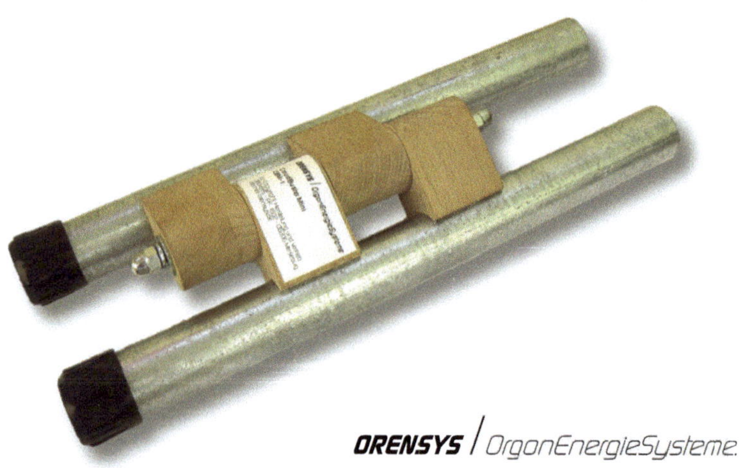

ORENSYS CloudBuster Mini | CBM-1 – GTIN: 4260248561008 – Herstellung und Vertrieb: ORENSYS, PF 1602, 06206 Merseburg, Deutschland – E-Mail: info@orensys.de – Internet: http://www.orensys.de

Ein häufiger, erster Einwand gegen die Funktion des Wolkenzerstäubens lautet: „Wäre die Wolke nicht auch verschwunden, hätte ich sie nicht angesehen?" Im Einzelfall lässt sich diese Frage immer nur schwer oder gar nicht entscheiden. Natürlich ist dauernd Bewegung am Himmel und es sind sicherlich mehr als nur die orgonotischen Faktoren bestimmend für das Wetter. Wolken entstehen, wachsen, werden kleiner und vergehen. Dennoch, während einer stabilen, leicht bewölkten Wetterlage, werden sich dauernd durchschnittlich dieselbe Anzahl von Wolken auflösen wie neu bilden. Wenn Sie nun aber mehrere Male der kurzen Anleitung folgen, werden Sie feststellen, dass entgegen der zu erwartenden Wahrscheinlichkeit die Wölkchen ziemlich häufig verschwinden, währenddessen sie nur in Ausnahmefällen größer werden.

Bevor nun die orgonotische Funktion des Wolkenzerstäubens näher erklärt wird, noch einige Hinweise für ihre ersten Versuche.

Während Sie das Wölkchen fokussieren, müssen Sie nichts weiter tun. Sie müssen nebenbei kein Mantra aufsagen oder dergleichen. Halten Sie Ihren Blick einfach konzentriert und dauerhaft auf dem Wölkchen. Beachten Sie aber, dass es gut möglich ist, dass eine grundlegend ablehnende Haltung Sie zu einer Praxis führt, die Sie die beschriebene Funktion nicht wahrnehmen lässt. Um diesen Punkt zu verdeutlichen ein Beispiel: Können Sie sich erinnern, sich mit jemandem unterhalten, ihm zugehört zu haben und dann später bemerkt zu haben, dass Sie gar nicht richtig registriert haben, was gesagt wurde? In diesem Fall waren Sie wahrscheinlich mit den Gedanken woanders, haben sich vielleicht an einer speziellen Aussage hochgezogen oder sich gegen eine bestimmte Ansicht gewehrt. Auf jeden Fall waren Sie nicht bei der Sache, – obwohl Sie doch zugehört haben… Das Beste scheint daher, Sie vergessen – zumindest während des praktischen Experiments – Ihre Zweifel oder Vorurteile und andere, drängende Angelegenheiten. *Folgen Sie einfach der Anleitung und richten Sie Ihr ganzes Bewusstsein auf das Sehen des Wölkchens und seine Auflösung. Bleiben*

Sie bei dieser Wahrnehmung, ohne sich von anderen Gedanken ablenken zu lassen. Sehen Sie!

Natürlich gibt es auch objektive Bedingungen, unter denen das Wolkenzerstäuben nicht funktioniert. Das Wetter ist eine recht komplexe Angelegenheit und, wie gesagt, gewiss nicht nur von orgonotischen Faktoren abhängig. Auf denen allein aber basiert die beschriebene Funktion. Wenn Sie sich in die näheren Erläuterungen der folgenden Kapitel vertiefen, werden Sie viele der Bedingungen, die das Wolkenzerstäuben erschweren oder verhindern, leicht selbst ausmachen können. Grundlegend kann dazu gesagt werden: Bei der Funktion des Wolkenzerstäubens handelt es sich im Kern um ein energetisches Phänomen, genauer, um die Folge einer *bioenergetischen Potential-Differenz*. Umso größer diese bioenergetische Potentialdifferenz zwischen der Wolke und dem Gegenpotential ist, umso besser funktioniert es. *Dabei muss die Wolke jeweils das deutlich kleinere Potential sein!* Je kleiner also die Wolke und je größer das Gegenpotential, umso besser. Wenn Sie selbst das Gegenpotential darstellen, was z.B. der Fall ist, wenn Sie einen CBM verwenden, wird es daher schwieriger, wenn Sie müde, geschwächt oder krank sind, leichter, wenn Sie kraftvoll, lebendig, kurz, energiegeladener sind. Da sich zwischen beiden Potentialen eine Art Brücke aufbaut, spielt auch die Entfernung zwischen der Wolke und dem Gegenpotential eine bedeutende Rolle; je näher umso besser.

Zuletzt: Wolke ist nicht gleich Wolke. Die Wolken, von denen wir hier in Hinsicht auf das Wolkenzerstäuben reden, sind nicht von Wind oder Wärme in die Höhe getragene Asche-, Staub- oder Chemikalienhaufen, sondern *möglichst saubere Wasseranhäufungen in der Atmosphäre. Nur auf solche Wolken sollten Sie in der Absicht des Zerstäubens zielen.*

2   Orgonotische Grundfunktionen

Mit jeder Theorie wird lediglich ein Rahmen für das Denken geschaffen. Die Praxis hat mit diesem Denk-Rahmen prinzipiell nichts zu tun. Man kann eine praktische Realität nicht mit Theorien entkräften. Gleichwohl können gute Theorien zu treffenden Erwartungen über praktische Realitäten führen, bevor diese beobachtet werden.

Um die genauere Erklärung der Funktion des Wolkenzerstäubens möglichst knapp und nachvollziehbar zu halten, werden im Folgenden *die* Begriffe und Sachverhalte eingeführt, die dafür von besonderer Bedeutung sind. Sie werden nicht weitergehend begründet und vorerst auch nicht miteinander in Zusammenhang gebracht. Das mag etwas trocken und nur bedingt anschaulich sein, führt aber zu einer übersichtlichen Aufstellung, auf die später immer wieder zurückgegriffen werden kann.

2.1   Die Lebensenergie Orgon

Orgon ist eine spezielle Energieform, die insbesondere in lebenden Organismen ihre Wirkung entfaltet. Sie ist insofern Lebensenergie und zwar in einem ganz konkreten und keinesfalls mystischen Sinn. Wilhelm Reich kam zu dem Schluss, dass Orgon *die* Bio-Energie[4] ist und damit der Grund und die Be-

---

[4] Der hier verwendete Begriff einer biologischen- bzw. „Bio-Energie" hat mit dem alltäglich verwendeten Begriff „Bioenergie" nichts zu tun. Letzterer bezieht sich auf die *Energiegewinnung aus* biologischem Material in Folge seiner Abwertung, z.B. durch gezielte Zersetzung oder Verbrennung. Die Bio- oder Lebens-Energie „Orgon" dagegen baut das Lebendige auf. Die gemeinhin als „Bioenergie" deklarierten Energieformen verhalten sich *entropisch*. Die „Bio-Energie" Orgon verhält sich *negentropisch* (vgl hierzu Abschn. 2.2).

dingung des Lebens selbst. Aus dem Lebendigen ist sie unmöglich wegzudenken. Ihr Wirken im lebendigen Organismus ist dementsprechend dessen Grundfunktion. Eine scheinbar oberflächliche, aber wissenschaftlich bedeutsame Schlussfolgerung daraus ist, dass wenn Sie sich energiegeladener fühlen, oder auch geschwächt, Sie genau das sind. Es ist Ihre eigene orgonotische Ladung, die sich in Ihrem Gefühl ausdrückt, ganz faktisch. Eine Betrachtung des Lebendigen, die ein Verständnis dieser speziellen Energie nicht in Ihre Überlegungen einbezieht, geht an der Sache vorbei und muss notwendig zu zumindest unvollständigen Einsichten führen.

Orgon-Energie lässt sich objektiv nachweisen, zum Beispiel durch die Temperaturdifferenz am Orgon-Akkumulator.[5] Weiterhin kann auch die Funktion des Wolkenzerstäubens als Beleg für die Existenz dieser Energieform verstanden werden. Denn die Orgonomie formuliert ein gutes Erklärungsmuster für das Verständnis der faktischen Funktion.

2.2   Der orgonotische Potentialfluss

Die wohl bedeutendste Funktion der Orgon-Energie ist der sogenannte „umgekehrte Potentialfluss". Orgon-Energie zerstreut sich nicht, wie zum Beispiel Wärme, sondern sie sammelt und konzentriert sich. Dynamisch ergibt sich dadurch ein natürlicher Energiefluss vom niedrigeren Potential zum höheren. Ein hohes *Wärme-Energie-Potential*, eine Tasse heißer Kaffee zum Beispiel, wird sich über kurz oder lang in das niedrigere Wärme-Energie-Potential der Umgebung ausgleichen, – der Kaffee wird kalt und die Umgebung erwärmt sich. Der Energiefluss geht hier also vom höheren zum niedrigeren. Ein ho-

---

[5] Vgl. zum objektiven Nachweis des Orgons und seiner Grundfunktionen insbesondere: Wilhelm Reich. Die Entdeckung des Orgons. Bd. I. Die Funktion des Orgasmus. Sowie: Ders. Die Entdeckung des Orgons. Band II. Der Krebs.

hes *Orgon-Energie-Potential* dagegen entzieht dem niedrigeren Orgon-Energie-Potential der Umgebung weitere Orgon-Energie. Der Energiefluss geht hier, sozusagen umgekehrt, vom niedrigeren zum höheren. Wäre also, um in unserem Bild zu bleiben, das Wärme-Energie-Potential der Tasse mit heißem Kaffee ein Orgon-Energie-Potential, dann würde der Kaffee nicht abkühlen, sondern sich weiter erhitzen und die Umgebung des Kaffees würde kühler werden.

Diese spezielle Potentialdynamik unterscheidet die Lebensenergie Orgon von allen anderen Energieformen und ist ein, wenn nicht das Kernprinzip der Orgonomie. Wenn Sie sich an diese spezielle Funktion erinnern wollen, sehen Sie einfach in die lebendige Natur. Dort finden Sie überall Wachstum, ein immer weiteres Aus- und Umsichgreifen. Zuerst bricht ein Grashalm durch den Asphalt und wächst, nur wenig später ist dort ein Büschel Gras, ein Busch, ein Strauch, ein Baum, Tiere finden sich ein und bleiben… Wo immer das Leben Wurzeln schlagen kann, konzentriert und sammelt es sich, greift immer mehr um sich, wird immer mehr und mehr. Das Tote funktioniert genau umgekehrt. Es zerfällt und zerstreut sich.

2.3 Orgon-Energie-Potentiale und -Kapazitäten

Orgon ist Lebensenergie, die Energie, die lebendige Prozesse nährt und jeder lebendigen Daseinsform innewohnt. Insofern kann jede lebendige Daseinsform als Orgon-Energie-System aufgefasst werden. Jedes Orgon-Energie-System *ist* wiederum ein Orgon-Energie-*Potential* und *hat* eine Orgon-Energie-*Kapazität.* Mit „Kapazität" bezeichnen wir den Betrag an Orgon-Energie, den ein bestimmtes Orgon-Energie-System jeweils aufnehmen *kann.* Als „Potential" verstehen wir dagegen den Betrag an Orgon-Energie, der in einem Orgon-Energie-System jeweils faktisch realisiert *ist.*

2.4 Wasser und Orgon

Gemeinhin gehen wir davon aus, dass Wasser der *Grundstoff* des Lebendigen ist. Noch weitergehend kann man jedoch, zum Beispiel mit Viktor Schauberger, der Ansicht sein, dass Wasser selbst *lebendig* ist. Wie auch immer… Wasser ist, in allen seinen Formen ein Orgon-Energie-System mit Potential und Kapazität. Darüber hinaus hat Wasser eine ausgezeichnet hohe Orgon-Kapazität und dementsprechend gutes Wasser ein hohes Orgon-Potential.[6] *Wasser und Orgon ziehen sich wechselseitig stark an.*

2.5 Qualität und Quantität

Mit dem Wort „Qualität" fassen wir den Unterschied zwischen verschiedenen Orgon-Energie-Systemen und unterscheiden zum Beispiel zwischen einem Menschen und Wasser. Mit „Quantität" fassen wir dagegen Mengen- oder Größenunterschiede zwischen gleichen Orgon-Energie-Systemen und unterscheiden zum Beispiel zwischen einem Eimer voll Wasser und einem See.

2.6 Metalle

Metalle, insbesondere Eisen, haben die Eigenschaft, Orgon anzuziehen, halten es jedoch nicht fest, sondern geben es,

---

[6] Beachtenswert ist in diesem Zusammenhang das Werk von Viktor Schauberger. Er erforschte die Entstehung des Wassers, die Bedingungen seiner Aufwertung zu immer höheren Energieniveaus und die Wirkungen dieses aufgewerteten Wassers in der Natur, zum Zweck der Heilung oder zum Betrieb von Maschinen. Auf diesem Weg gewann er Klarheit über die vom Menschen betriebene Abwertung des Wassers und deren verheerende Auswirkung auf Natur und Mensch. (Siehe auch Literaturverzeichnis)

sozusagen umgehend, wieder ab. Im Rahmen unserer Begrifflichkeit könnte man daher vielleicht sagen, Metalle haben kein Orgon-Energie-*Potential*, sehr wohl aber eine Orgon-Energie-*Kapazität*. Als Orgon-Energie-*Systeme* sollten sie daher besser nicht bezeichnet werden, obwohl sie auf jeden Fall eine orgonotische Funktion haben.

3 Die Funktion des Wolkenzerstäubens

Mit diesen wenigen Prinzipien an der Hand kann nun die
Funktion des Wolkenzerstäubens beschrieben werden. Was ihr
Verständnis betrifft, so liegt die Schwierigkeit weniger darin,
sachlich folgen zu können als vielmehr darin, eventuell bestehende Vorurteile bezüglich der faktischen Funktion zu über-
winden. Kurz, wenn man überzeugt davon ist, dass es nicht
funktionieren kann, dann ist jede Erklärung fruchtlos und erscheint widersinnig, denn die Schlussfolgerung steht ja bereits
fest.

3.1 Die Wolkenbildung

Eine Wolke ist eine Ansammlung von Wasser, schwebend in
der Luft.[7] Sie ist weiterhin ein Orgon-Energie-Potential. Das
Spiel der Wolken am Himmel, ihr Werden, Verschmelzen und
Vergehen ist, neben anderen Spielen, insbesondere auch ein
Spiel der Orgon-Energie-Potentiale, entsprechend dem Prinzip
des orgonotischen Potentialflusses vom niederen zum höheren.
Das heißt, eine Wolke bildet sich in orgonotischer Hinsicht mit
derselben Dynamik, aus der heraus zuerst ein Grashalm aus

---

[7] Eine interessante Frage ist: Warum schweben teilweise so unerhörte Men-
gen Wasser in der Luft und trotzen der Schwerkraft? Es wäre interessant zu
erfahren, ob hier schon einmal hinreichend gemessen, gerechnet und erwo-
gen wurde, ob dieser Fakt im Rahmen unserer überkommenen Erklärungsmuster überhaupt theoretisch zu begründen ist. Vielleicht ist es hier ja
ähnlich wie bei der Hummel, von der sich Ingenieure einig sind, dass sie
aufgrund der ihnen bekannten Prinzipien gar nicht fliegen kann. Schauberger führte den Begriff der Levitation ein, als Gegenprinzip zur Gravitation.
Beschäftigt man sich ein wenig intensiver mit Schauberger und Reich, so
drängt sich die Vermutung auf, dass der Orgon-Energie eine Art levitieren-
des Moment innewohnt.

dem Boden wächst und über kurz oder lang ein kleiner Garten Eden entsteht. Ist die Luft ausreichend mit Wasserdampf angereichert, beginnt – bedingt durch den orgonotischen Potentialfluss – die Konzentration von Orgon-Energie, sagen wir in einem Wassertropfen. Das so entstehende, höhere Orgon-Potential dieses Tropfens zieht in der Folge kleinere Potentiale aus der Umgebung an. Das Potential wächst weiter und mit dem Zusammenschluss mehreren Tröpfchen wächst auch die Kapazität des Systems. Es entsteht ein Wölkchen, das weitere Energie und weitere, kleinere Potentiale anzieht, und so fort. Die Wolke entsteht und wächst.

Die Grenzen dieses Wachstums hängen vom Wassergehalt der Luft ab, von der Orgon-Konzentration in der Atmosphäre, von anderen Orgonpotentialen in der Umgebung, von den Winden, aufsteigender Wärme und vielem anderen mehr. Wir wollen uns hier für unsere Zwecke aber darauf beschränken, die Wolke als Orgon-Energie-Systeme mit der Dynamik von Orgon-Energie-Potentialen zu verstehen. Schauen Sie in den Himmel und versuchen Sie, dieses Wissen mit Ihrer Wahrnehmung zu verschmelzen. Sehen Sie, wie der Lebensenergieträger Wasser entsprechend dem Gesetz des Lebendigen zu immer größeren Systemen wächst, wie sich aus der übermächtigen Konzentration von Energie und Wasser Gewitter und Regen entladen. Sehen Sie, wie an faden, energiearmen Tagen sich keine Wolke bildet, sondern der Wasserdampf sich gleichmäßig über den Himmel zerstreut, manchmal kaum sichtbar, manchmal als dünner, fast durchgehend weißer Schleier. Entdecken Sie all die Zwischenstufen und beobachten Sie die Dynamik am Himmel.

3.2   Die Wolkenauflösung

Ist eine Wolke einmal als Orgon-Energie-Potential begriffen, wird klar, was passiert, wenn ein höheres Orgon-Energie-Potential mit ihr in Wechselwirkung tritt. Das höhere Potential wird dem niedrigeren Potential Orgon-Energie entziehen. Infolge dessen wird das niedrigere Potential weiter absinken und die Bindekraft verlieren, die das System von Wassertröpfchen bisher zusammengehalten hat. Durch den fortgesetzten Prozess des Energieentzuges zerfällt das System, die Wolke löst sich auf. Sie zerstiebt, denn der Wasserdampf verliert im wahrsten Sinne des Wortes Lebensenergie und damit die Fähigkeit der Konzentration, Akkumulation und des Wachstums. Er zerstreut sich in die Luft und am Ende ist die Wolke verschwunden.

Betrachtet man das Ganze derart als energetische Funktion, dann wird auch klar, dass beim Wolkenzerstäuben nicht das Wasser vom Himmel verschwindet, wenn sich die Wolke auflöst, sondern dass sich allein die Konzentration von Orgon-Energie an einem bestimmten Ort des Himmels soweit mindert, dass ihre orgonotische Funktion an dieser Stelle nicht mehr zum Tragen kommt.

3.3   Quantität von Orgon-Energie-Potentialen

Ich weiß nicht, wie schwer eine ordentliche Gewitterwolke ist. Man kann sich aber leicht vorstellen, dass ein kleines Wölkchen kaum mehr Wasser fassen wird, als in ein paar Eimer passt. Entsprechend hoch bzw. niedrig wird auch das Orgon-Energie-Potential der Gewitterwolke bzw. des kleinen Wölkchens sein. Ebenso wie das Wasser einer Wolke stellt auch das gebundene Wasser auf und in der Erde ein Orgon-Energie-Potential dar. Was ist also ein größerer See oder gar ein ordentlicher Fluss im Vergleich zu einer mittleren oder auch größeren Wolke? Ein sehr viel höheres Orgon-Energie-Potential! Gelingt es nun, zwischen zwei Orgon-Energie-Systemen mit ausreichend großer Potentialdifferenz eine Verbindung herzustellen, so sorgt die Eigendynamik des Orgons für das Übrige. Das größere Potential mit größerer Kapazität wird dem niedrigeren Potential Energie entziehen.

3.4 Qualität von Orgon-Energie-Potentialen

Über die qualitative Abstufung von Orgon-Energie-Systemen ist bisher nicht viel bekannt, ich vermute aber, dass ein komplexer lebendiger Organismus einer bestimmten Quantität gegenüber einem weniger komplexen Orgon-Energie-System gleicher Quantität ein höheres Orgon-Energie-Potential darstellt. Das heißt, ich nehme an, dass zum Beispiel 50 Liter Wasser ein geringeres Orgon-Potential haben als 50 Liter Pflanzen und diese wiederum ein niedrigeres Potential als 50 Liter Tier, wenn man das ausnahmsweise so sagen darf. Es mag weiterhin sein, dass beispielsweise auch ein Liter Äpfel ein von einem Liter Kirschen verschiedenes Potential hat. Auf jeden Fall hat — wie der Versuch zeigt — ein Mensch ein höheres Orgon-Energie-Potential als eine sehr kleine Wolke.

3.5 Verbindung von Orgon-Energie-Potentialen

Metalle ziehen Orgon an, halten es aber nicht fest, sondern geben es wieder ab. Sie sind keine Orgon-Energie-Systeme wie lebendige Organismen, haben aber eine orgonotische Funktion. Stellen wir uns nun ein Eisenrohr vor, das mit einem Orgon-Energie-Potential, sagen wir Wasser, verbunden ist und betrachten die orgonotische Dynamik, die sich an diesem System ergibt.

Ohne Eisenrohr zieht das Wasser, als höheres Orgon-Potential, aus dem niedrigeren Orgon-Potential der Umgebung mehr oder weniger gleichmäßig verteilt Orgon ab und erhöht so sein eigenes Potential. Die Richtungen, aus denen Energie angezogen und aufgenommen wird, sind diffus, quasi über die gesamte Fläche verteilt.

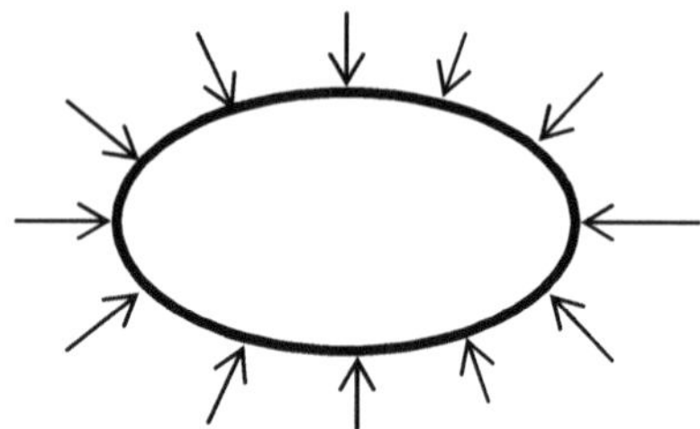

Auch das Eisenrohr zieht Orgon aus der Umgebung an, nimmt es im Gegensatz zum Wasser aber nicht dauerhaft auf, sondern gibt es diffus wieder ab und zwar sowohl in seinen inneren Hohlraum als auch in die Umgebung.

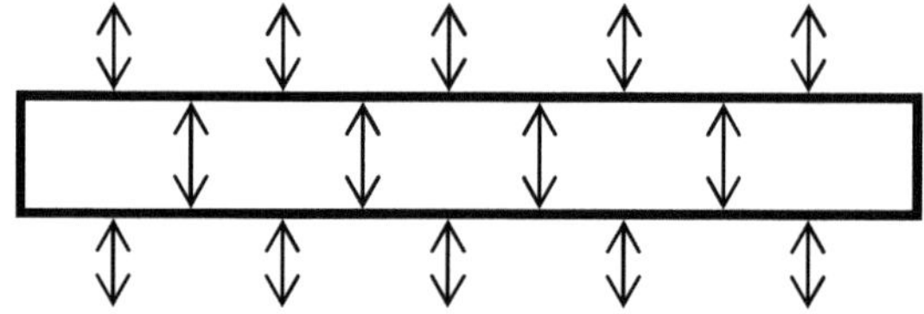

Stellen wir nun das Eisenrohr ins Wasser, so ändert sich prinzipiell nichts an der diffusen Anziehung von Orgon aus der Umgebung sowohl durch das Wasser als auch durch das Eisenrohr. Was sich aber ändert, ist der Orgon-Energie-Fluss im Rohr. Das Rohr fungiert nun als Verlängerung und Erweiterung des Orgon-Potentials des Wassers, mit dem entscheidenden Funktionsunterschied, dass es selbst kein Orgon aufnimmt und speichert. Durch das Eisenrohr wird in der Folge die anziehende Wirkung des Wassers über dessen direkten Einflussbereich hinaus erweitert. Der Energiefluss an dem Eisenrohr wird gerichtet, und das Potential des Wassers kann nun auch aus der ferneren Umgebung Energie anziehen. An dem Eisenrohr entsteht durch die Verbindung mit dem hohen, anziehenden Potential des Wassers ein gerichteter Sog und Energiefluss zum Wasser hin. Dabei vergrößert das Eisenrohr mit seiner speziellen orgonotischen Funktion das System quantitativ und also auch die Menge von angezogener Energie.

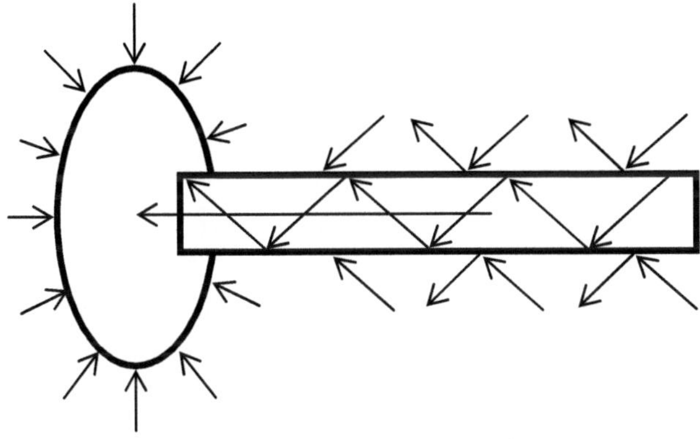

Vervollständigen wir nun unser Bild und stellen uns die Verbindung von zwei, ein gutes Stück weit voneinander entfernten Potentialen vor. Nehmen wir an, beide heben sich jeweils deutlich vom Umgebungspotential ab und können sich infolge ihrer Distanz zueinander nicht direkt wechselseitig beeinflussen. Weiterhin nehmen wir an, dass diese beiden Potentiale unterschiedlich groß sind.

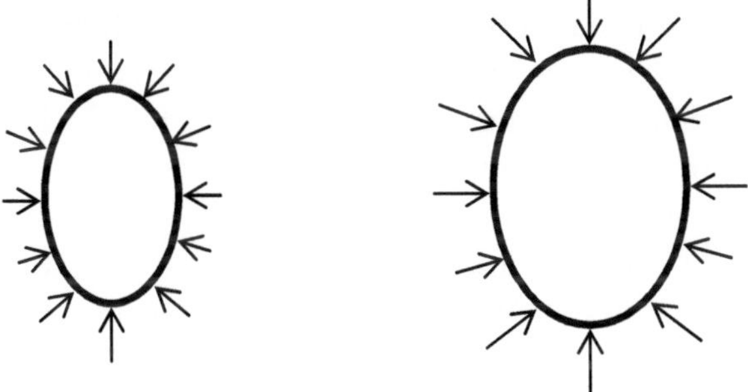

Unter den angegebenen Bedingungen kann man nun annehmen, dass jedes dieser Systeme entsprechend seiner Kapazität und des Potentials der Umgebung Orgon aus dieser Umgebung aufnehmen wird, bis seine Kapazitätsgrenzen erreicht sind. Dabei wird die Energiedichte in dem Raum zwischen den beiden Systemen und um sie herum geringer. Da der Abstand groß genug ist, kommt es zwischen den Systemen nicht zu einer gegenseitigen Anziehung infolge der orgonotischen Potentialdynamik. Man könnte sagen, beide Systeme bilden, je für sich, autonome Systemräume. Den abschließenden Schritt können Sie nun leicht vor Ihrem geistigen Auge vollziehen. Schalten Sie zwischen diese beiden Systeme das Eisenrohr. Was wird passieren?

Übertragen wir diese Funktion auf das Wolkenzerstäuben, läge nun, aus der Theorie kommend, der Schluss nahe, man bräuchte ein Eisenrohr, das von einem See bis in die Wolken reicht, um das kleinere Potential der Wolke in das größere des Sees zu leiten und dadurch die Wolke aufzulösen. Aber dem ist nicht so, wie die Praxis zeigt.[8] – Man darf nicht vergessen, dass die Theorie aus der Praxis gewonnen wird und viel weniger umgekehrt die Praxis aus der Theorie. – Praktisch offensichtlich verlängert sich der durch das Rohr gerichtete Potentialfluss weit über das Ende des Rohres hinaus. Man kann daher sagen, die eigentliche Funktion des Rohres ist nicht unbedingt die direkte Verbindung zweier Systeme, sondern der Aufbau einer Potentialbrücke zwischen zwei Systemen, die den Potentialfluss konzentrierend zu dem stärkeren System hin richtet.

Wie die derart entstehende Potentialbrücke aussieht, darüber kann ich im Moment nur mutmaßen. Ich denke, es baut sich eine Art Wirbel, ähnlich einer Windhose auf. Dementsprechend läge die Vermutung nahe, dass die Brücke mit zunehmender Entfernung immer ausgreifender wird und ihre konzentrierend-richtende Wirkung abnimmt. Wie weit die Brücke reicht, hängt sehr wahrscheinlich von der Größe des ziehenden Potentials ab, von den Dimensionen des Rohres, vom Orgon-Energie-Potential der Umgebung, in der sich die Brücke aufbaut und sicher auch noch von vielem anderem mehr…

---

[8] Vgl. hierzu insbesondere: Wilhelm Reich. OROP Wüste.

3.6   Eine zweite Gruppe nicht lebendiger Stoffe

Für Metalle, insbesondere Eisen, war festgehalten worden, dass sie Orgon anziehen und wieder abgeben. Wir hatten vorgeschlagen, sie nicht als Orgon-Energie-Systeme zu verstehen, durchaus aber als Materialien mit einer orgonotischen Funktion. Es gibt nun eine zweite Gruppe von nicht lebendigen Stoffen, die eine orgonotische Funktion haben. Zu dieser Gruppe gehören zum Beispiel Schurwolle, Glaswolle oder Plastik. *Diese Stoffe haben die Eigenschaft, Orgonenergie anzuziehen, aufzunehmen und festzuhalten.* In der Orgonomie werden sie manchmal unter dem Begriff „elektrische Isolatoren" oder „organische Stoffe" zusammengefasst. Es scheint mir aber, dass weder die eine noch die andere Einordnung eine gute, definierende Klassifizierung ermöglicht.[9] Sowohl in der Gruppe derjenigen nichtlebendigen Stoffe, die Orgon anziehen, aber nicht halten, sondern wieder

---

[9] Ich möchte in diesem Zusammenhang ein kleines Zitat aus einem ganz anderen Bereich einfügen sowie einen kurzen Exkurs zur Kategorisierung der beiden genannten Gruppen von Stoffen geben: „Building the levels of our consciousness is the same as building the levels of our life force field. It is much like the creation of a magnet. As fire and water ki, layer upon layer, wind around each other, they stabilize the center and the power of electromagnetic energy increases. This winding around the center is called *karami*, being the spiral (Ra) interchange of fire (Ka) and water (Mi) ki. It is also called the dance of the gods, or *kami*, yet this is a poetic expression of the Japanese race and does not indicate the existence of any actual deity." (William Gleason. Aikido and Words of Power. The Sacred Sounds of Kototama. S. 42) Wenn man ein wenig mit der Thematik vertraut ist, liest man hier eine ziemlich genaue Beschreibung der Funktion und des Aufbaus eines Orgonakkumulators. Auch der Hinweis auf den Magneten weist beeindruckend in diese Richtung, bedenkt man, dass Wilhelm Reich experimentell feststellte, dass sich am Orgonakkumulator ein magnetisches Feld aufbaut (vgl. Wilhelm Reich. Die Entdeckung des Orgons II. Der Krebs. IV. 4. Der Orgonakkumulator). Die Bezeichnungen Wasser- und Feuer-Ki stammen aus der asiatischen Kultur, ihnen nachzugehen könnte für weitere Forschungen und insbesondere die angesprochene Kategorisierung von Stoffen mit orgonotischer Funktion fruchtbar sein.

abgeben, als auch in der Gruppe der nichtlebendigen Stoffe, die Orgon anziehen, aufnehmen und speichern, sind durch die bisherige Orgon-Forschung jeweils besser bzw. schlechter funktionierende Stoffe ausgemacht worden. In der ersten Gruppe wird sehr häufig Eisen hervorgehoben, in der zweiten Gruppe unter anderem Glaswolle und Plastik.

3.7 Ein praktikable Konstruktion

Im Abschnitt 3.5 haben wir gesehen, wie mit einem Metallrohr, das mit einem hinreichend starken Orgon-Energie-Potential verbunden ist, eine geradlinig richtende Brücke für den orgonotischen Potentialfluss erzeugt werden kann. In der Praxis ist es nun recht umständlich, mit einem solchen Aufbau auf Wolken zu zielen. Man müsste das direkt im Wasser stehende Rohr beständig auf die vorüberziehende Wolke ausrichten. Leichter ist es, wenn man das auf dem Land tun kann. Dazu empfiehlt sich der folgende Aufbau, den auch Wilhelm Reich verwendete.

Das Rohr oder die Rohre werden dreh- und schwenkbar auf einem Stativ gelagert und über einen Schlauch mit dem gewählten Potential, zum Beispiel einem See, verbunden. Um die Funktionalität zu erhalten wird für diese Verbindung ein Metallschlauch gewählt, der zum Beispiel mit Plastik ummantelt ist. Der Schlauch funktioniert nun ähnlich, wie das Rohr. Er konzentriert und richtet den Orgonfluss, der von dem hinreichend hohen Orgon-Potential ausgelöst wird. Dabei sorgt die Plastikummantelung dafür, dass aus dem Schlauch kein oder nur wenig Orgon entweicht. Dies ist wichtig, da der Schlauch eben nicht geradlinig richtet wie ein Rohr, sondern eher in Bögen liegen wird. In der folgenden schematischen Darstellung erkennt man, dass sich durch den Effekt der Wiederabgabe der angezogenen Orgonenergie durch einen blanken Metallschlauch ein Teil der fließenden Energie wieder zerstreuen würde.

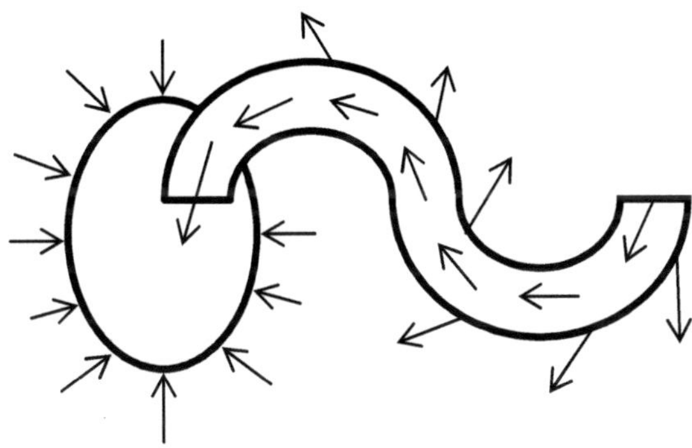

Denkt man sich zu der Abbildung noch ein, zwei größere, asymmetrische Bögen hinzu, wird das noch deutlicher. Der Sogeffekt würde dadurch wahrscheinlich nicht gänzlich aufgehoben werden, zumindest dann nicht, wenn der blanke Metallschlauch nicht allzu lang oder anderweitig überdimensioniert ist. Jedoch wird er mehr oder weniger stark geschwächt. Ist der Metallschlauch aber mit einem Material der im vorigen Abschnitt genannten zweiten Gruppe nichtlebendiger Stoffe mit orgonotischer Funktion ummantelt, so passiert Folgendes. Die Energie, die der Metallschlauch nach außen abgibt, wird von diesem Material aufgenommen und daran gehindert, sich in die Umgebung zu zerstreuen. Weiterhin zieht das Metall diese Energie auch wieder aus diesem Material ab und gibt sie erneut in das Material, aber auch in den Innenraum ab. Der Zerstreuungseffekt wird also verhindert.

Damit ist im Grunde ein praktikabler Cloudbuster bzw. Wolkenzerstäuber sowie seine Funktion beschrieben.

3.8   Die Funktion der Augen

Den Hinweis auf die orgonotische Funktion der Augen habe ich Bernd Senf zu verdanken. In einem seiner Vorträge aus der Reihe „Grundlagen lebendiger Entfaltung: Bernd Senf über

Wilhelm Reich."[10] hatte er sie erwähnt: *Die Augen sind nicht nur optische Organe, sondern auch Sender und Empfänger von Orgon-Energie.* Wenn ich mich recht entsinne, führte er diesen Gedanken im Zusammenhang der Beziehung von Mutter und Säugling ein, in der der Blickkontakt eine bedeutende Rolle spielt, ebenso die möglichst häufige Verschmelzung der Orgon-Energie-Felder von Mutter und Kind. Ich selbst konnte mich, als ich das hörte, an Momente erinnern, in denen ich, schwer verliebt, mit meiner Freundin im Bett lag und wir uns tief und still in die Augen sahen. Es gibt da große Momente leuchtender, innerer Freude. Wie dem auch sei. Zu der Zeit, als ich die Vorträge von Bernd Senf sah, hatte ich bereits einige Bücher von Wilhelm Reich gelesen, mich mit den grundlegenden orgonomischen Prinzipien vertraut gemacht und gerade erste erfolgreiche Versuche im Wolkenzerstäuben unternommen. Nun dachte ich mir, wenn dem so wäre, und das menschliche Auge tatsächlich eine orgonotische Brücke erzeugen kann, dass dann ja eventuell auch Wolken durch bloßes Ansehen aufgelöst werden könnten. Dies bestätigte sich in mehreren Versuchen und führte letzten Endes bis zu diesem kleinen Buch.

Ich möchte an dieser Stelle die Gelegenheit nutzen und darauf hinweisen, dass frühere Kulturen zumindest in bestimmter Hinsicht augenscheinlich mehr verstanden als unsere Wissenschaft, die die Augen auf passive optische Empfänger reduzierte. So setzt zum Beispiel Platon in seinem Timaios die Funktion der Augen wie folgt auseinander:

```
Unter den Sinneswerkzeugen bildeten sie zuerst
die lichtvollen Augen, die sie aus folgendem
Grunde hier befestigten. Soviel von dem Feuer die
Eigenschaft des Brennens nicht besitzt, wohl aber
die Erzeugung des milden Lichts, davon bewirkten
```

---

[10] Aufzeichnungen dieser sehr empfehlenswerten Vortragsreihe sind kostenlos auf YouTube zu sehen. Eine Auflistung der einzelnen Vorträge mit den jeweiligen Links finden sie auf den Internetseiten von ORENSYS: http://www.orensys.de

sie, dass es der eigentümliche Körper jeden Tages wurde. Sie machten nämlich, dass das in uns befindliche, diesem verwandte unvermischte Feuer durch die Augen hervorströmte, und glätteten und verdichteten den ganzen Augapfel, vorzüglich aber dessen Mitte, damit er dem übrigen, gröberen Feuer durchaus den Durchgang wehre und nur dem reinen läuternd ihn gestatte. Umgibt nun des Tages Helle das den Augen Entströmende, dann vereinigt sich dem Ähnlichen das hervorströmende Ähnliche und bildet in der geraden Richtung der Sehkraft aus Verwandtem da *ein* Ganzes, wo das von innen Herausdringende dem sich entgegenstellt, was von außen her mit ihm zusammentrifft. Nachdem nun alles vermöge seiner Ähnlichkeit zu einem ähnlichen Zustande gelangte, verbreitet es die Bewegungen desjenigen, womit es und was mit ihm in Berührung kommt, durch den ganzen Körper bis zur Seele und erzeugt diejenige Sinneswahrnehmung, die wir das Sehen nennen. Schwand aber das ihm verwandte Feuer zur Nacht, dann ist es von ihm abgeschnitten; denn zu etwas ihm Unähnlichen herausdringend, erfährt es selbst eine Veränderung und erlischt, indem es nicht mehr mit der kein Feuer mehr enthaltenden Luft in eins verschmilzt. So hört es auf zu sehen und wird außerdem zu einem den Schlaf Herbeiführenden.

Platon. Timaios. 45b-e

Das Sehen findet nach Platon seinen Ursprung also weder im Gesehenen (Objekt) noch im Sehenden (Subjekt), sondern zwischen beiden in der durchdringenden Vermischung der Ströme des „Feuers". Notwendig ist damit gesagt, dass das Sehen außerhalb des Sehenden (Subjekts) eine Wirkung entfaltet und auch wenn es Platon hier nicht explizit sagt: „Nachdem nun alles vermöge seiner Ähnlichkeit zu einem ähnlichen Zustande gelangte, verbreitet es die Bewegungen desjenigen, womit es und was mit ihm in Berührung kommt" *notwendig nicht nur zum Körper hin,* „bis zur Seele", *sondern auch in der Richtung des Sehens vom Körper weg, in die Welt hinein.*

Mit den Augen haben wir Menschen also ein angeborenes, natürliches Instrument, das eine orgonotische Brücke aufbauen kann und das unter bestimmten Umständen sogar stark genug ist, um uns orgonotisch mit einer Wolke am Himmel zu verbinden. Man kann die auf diesem Weg entstehende Brücke verstärken, indem man sich der oben beschriebenen Funktion von Eisenrohren bedient und einen CloudBuster Mini zwischen sich und die Wolke schaltet. Das Ganze funktioniert ansonsten genau wie unter 3.5 beschrieben, nur mit dem Unterschied, dass das höhere Potential am Boden nun kein See oder Fluss ist, sondern ein Mensch.

3.9   Weitere, allgemeine Hinweise

All diejenigen, die sich der Atmosphärenbeeinflussung mit Hilfe der orgonotischen Funktion des Wolkenzerstäubens intensiver widmen wollen, sollten sich, bevor sie größere Experimente mit größeren Potentialen und größeren Cloudbustern unternehmen, tiefer in die bereits bestehenden Erfahrungen und Kenntnisse einarbeiten. Als Anfang und Ausgangspunkt sind hierzu meines Erachtens immer noch am besten die Schriften von Wilhelm Reich geeignet. Für ein tieferes Verständnis des Orgons insbesondere: „Die Entdeckung des Orgons I. Die Funktion des Orgasmus" und „Die Entdeckung des Orgons II. Der Krebs". Für ein weiteres Verständnis der orgonotischen Atmosphärenbeeinflussung insbesondere: „Das ORANUR Experiment" (Band II) sowie „OROP Wüste". Meine Kenntnisse in diesem Bereich habe ich im Wesentlichen diesen Büchern zu verdanken, weiterhin den Arbeiten von

Bernd Senf[11], James DeMeo und Jürgen Fischer[12]. Von indirekter Bedeutung sind in diesem Zusammenhang auch die bereits erwähnten Erkenntnisse und Entdeckungen von Viktor Schauberger.

Zum Abschluss dieses Kapitels hier noch einmal die wichtigsten Hinweise zur Funktion des Wolkenzerstäubens:

- Es ist wichtig, die Randbedingungen im Auge zu behalten, um das gewünschte Ergebnis erzielen zu können. Wesentlich sind hierbei zuerst die Größen der Potentiale auf beiden Seiten des gerichteten Orgon-Potential-Flusses. Grundsätzlich kann man dazu wahrscheinlich sagen, je *größer die Potentialdifferenz, umso größer die Wirkung.*
- Zweitens spielt auch die *Kapazität der technischen Konstruktion* eine Rolle, die zur Richtung und Konzentrierung des Flusses verwendet wird. Mit einem bleistiftgroßen Rohr wird man wahrscheinlich auch eine eher kleine Wolke nicht auflösen, selbst wenn das Gegenpotential ein Ozean ist.
- Weiterhin spielt die *Entfernung zwischen den Potentialen* eine bedeutende Rolle. Je weiter beide voneinander entfernt sind, umso aufwendiger bzw. schwieriger wird es.
- Außerdem sind auch die orgonotischen Randbedingungen, insbesondere die *Orgon-Konzentration in der Atmosphäre* zu berücksichtigen. Je geringer diese Konzentration ist, umso schwerer scheint es zu werden, eine ausreichend starke Brücke aufzubauen.

Gestützt auf die vorhandenen Informationen und meine eigenen Erfahrungen nehme ich an, die genannten Faktoren stehen in einer Art Wechselwirkung. Das heißt, durch die Verbesse-

---

[11] Empfehlenswert ist Bernd Senfs Buch: „Die Wiederentdeckung des Lebendigen". Viele seiner Beiträge zu Wilhelm Reichs Forschung sind auch auf seiner Internetseite http://www.berndsenf.de abrufbar.

[12] Die Schriften von Jürgen Fischer sind in großen Teilen auf seiner Internetseite einzusehen: http://www.orgon.de

rung der Bedingungen hinsichtlich eines oder einiger Faktoren kann man den Mangel hinsichtlich der übrigen Faktoren bis zu einem bestimmten Grad ausgleichen. Für den Fall, dass Sie das Auflösen einer Wolke mit Hilfe Ihrer Augen (und eines CloudBuster Mini) in Angriff nehmen, scheint es daher unerlässlich zu sein, eine sehr kleine und sehr nahe Wolke bei gutem orgonotischen Wetter zu wählen. Denken Sie aber bei aller eventuell aufkommenden Euphorie daran:

- Bei der Anwendung von Orgontechnik stehen Sie nicht als neutraler Beobachter am Rande des Geschehens, sondern werden selbst zu einem Teil des beeinflussten Orgon-Energie-Systems. *Die Energie, die Sie zum Beispiel einer Wolke durch den konzentrierten Blickkontakt entziehen, nehmen Sie auf!*

4   Physio-psychologische Funktionen des Orgons im lebendigen Organismus[13]

Die Entdeckung des Orgons war das Ergebnis beständiger klinischer Erforschung des Begriffs „psychische Energie", anfangs auf dem Gebiet der Psychiatrie. […] Die Erfahrung hat zweifelsfrei gezeigt, dass die Kenntnis der *emotionalen* Funktionen der biologischen Energie für das Verständnis ihrer physiologischen und physikalischen Funktionen unentbehrlich ist. Die biologischen Emotionen, die die psychischen Prozesse beherrschen, sind in sich der unmittelbare Ausdruck einer rein physikalischen Energie, des kosmischen Orgons.

Wilhelm Reich.
Die Entdeckung des Orgons I. Vorwort zur zweiten
Auflage.

Die biologischen Emotionen beherrschen die psychischen Prozesse und sind der unmittelbare Ausdruck des kosmischen Orgons. Lassen wir uns auf diesen Gedanken ein, dann erkennen wir, dass das im menschlichen Körper realisierte bioenergetische Orgon-Potential und die natürliche Funktion dieser Energie im Organismus die Gradmesser sowohl für die Gesundheit des Körpers als auch des Geistes, also des Fühlens, Denkens und Handelns sind. Um ein grundlegendes Verständnis dieser Prozesse anzuregen soll dieses Kapitel in grober Vereinfachung einen einführenden Überblick energetischer Funktionen im lebendigen Organismus

---

[13] Eine detaillierte Beschreibung der Zusammenhänge findet sich insbesondere in: Wilhelm Reich. Die Entdeckung des Orgons I. Die Funktion des Orgasmus. Sowie: Ders. Charakteranalyse. 3. Auflage. III. II. Die Ausdrucksformen des Lebendigen.

geben. Insbesondere soll damit eine gewisse Sensibilität für die Ursachen, Wirkungen und Folgen organismischer Störungen und Fehlfunktionen entwickelt werden. Denn eine solche Sensibilität ist die Grundlage für die Arbeit an sich selbst, an der eigenen körperlichen und geistigen Gesundheit, diese wiederum sind aber unhintergehbare Bedingungen guter Gesellschaft.

Eine Grundfunktion der biologischen Energie im lebendigen Organismus ist die plasmatische Pulsation. Sie kann als das Zusammenspiel der Bewegungsform des kosmischen Orgons und der materiellen biologischen Struktur verstanden werden. Die Bewegungsform des kosmischen Orgons entspricht, schematisch vereinfacht, einer sogenannten Kreiselwelle.[14]

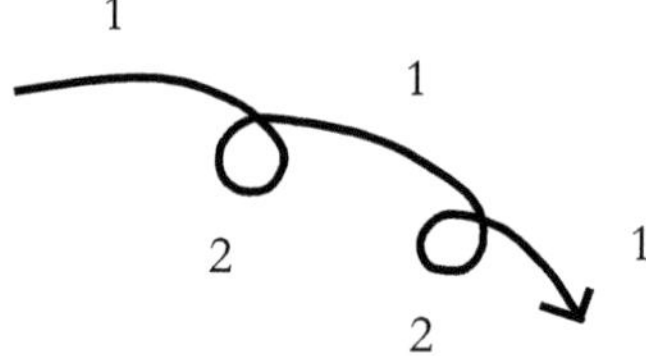

Denkt man sich eine derartige Bewegung in einer Zelle eingeschlossen, so ergibt sich über die längeren Phasen der Ausdehnung und leichten Beugung des energetischen Flusses (1) eine Ausdehnung des Zellplasmas. Über die Phasen der stark gekrümmten und teilweise rückwärtsgerichteten Eindrehung (2) ergibt sich ein Zusammenziehen. Bei den einfachsten biologischen Systemen ergibt sich aus dieser Wechselwirkung direkt

---

[14] Kreiselwellen können Sie zum Beispiel am Rande ihres konzentrierten Blickfeldes sehen, wenn Sie ein Wölkchen fokussieren oder wenn Sie, ohne etwas in den Blick zu nehmen, vor dem Hintergrund blauen Himmels sozusagen ins Leere starren. Sie sehen dann unzählige strahlend weiße Mikropünktchen, die chaotisch tanzen und zum Greifen nahe scheinen. Es erfordert etwas Übung, sie zu beobachten, da man sie quasi „aus dem Augenwinkel" betrachten muss. Sobald man sie direkt fokussiert, verliert man sie aus dem Blick.

die gerichtete physische Bewegung, ein sich streckendes und krümmendes Rollen oder Kriechen.

Auch wenn in komplexeren Organismen ein vielfältiges Zusammenspiel verschiedenster Gewebe und Organe stattfindet, so bleiben die energetischen Strömungen doch verbunden und ergreifen, zumindest zuweilen, den gesamten Körper als einheitlich dynamisches Ganzes. So sieht man zum Beispiel bei einem Wurm, dessen Körper in eine Vielzahl ringförmiger Segmente gegliedert ist, die wellenartige Fortbewegung der plasmatischen Pulsation über den gesamten Körper laufen.

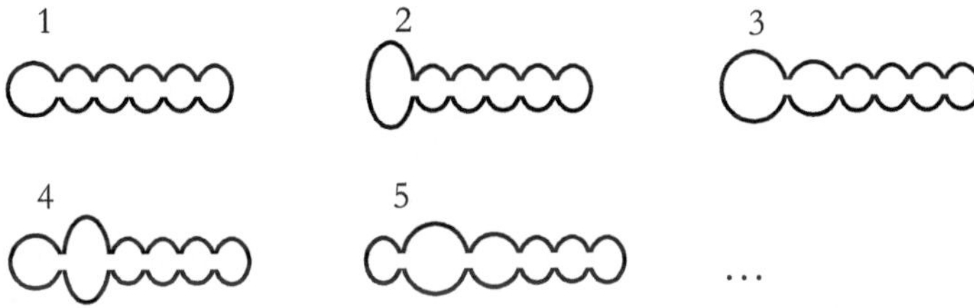

Dieses energetische Strömen und plasmatische Pulsieren im verbunden Organismus des Wurmes findet sich auch in noch komplexeren Strukturen, wie z.B. dem menschlichen Organismus, in derselben prinzipiellen Einfachheit.

In der asiatischen Tradition sind die Energiebahnen des menschlichen Körpers vertraute Selbstverständlichkeiten. Das medizinische Verständnis des Körpers und Therapieansätze zur Abstellung von Fehlfunktionen und Krankheiten orientieren sich dementsprechend an der Aufrechterhaltung, Stärkung und Wiederherstellung der natürlichen Energieflüsse. Die „westliche" Auffassung konzentriert sich dagegen auf die geronnenen Formen und hat dementsprechend einen eher mechanistisch geprägten Blick auf das Leben. Dieser Blick neigt dazu, energetische Dynamiken zu übersehen oder auszublenden und die damit einhergehenden Verengungen setzen sich bis hinein in die Sphären der Psyche und des Denkens fort. Die Bestrebung zum Beispiel, das sogenannte „*rationale*" Denken von den Emotionen zu trennen, schneidet den Verstand von seinen biologischen Wurzeln ab. Es entleert und entkoppelt, wenn man so will, unseren Intellekt vom Leben. Bedenklich wird es, wenn der Grad dieser Entkopplung zum Gradmesser der Güte des Denkens wird. Die Gefahr ist groß, dass die Konsequenzen derart entkoppelten Denkens in Tat und Werk sich gegen die Bedingung seiner eigenen Möglichkeit, das Leben selbst richten. Ein Blick auf unsere „moderne" Zivilisation zeigt das Wirken solch entleerter oder entkoppelter, „*reiner*" Rationalität recht deutlich. Der weitaus überwiegende Teil der sogenannten „Ökonomie"[15] zum Beispiel hat die Gewinnmaximierung überdeutlich von ihrem eigentlichen Zweck und Wesen entkoppelt, der Pflege, Förderung und Entwicklung des Lebens. Es spielt keine Rolle mehr, ob in der Finanzwirtschaft die Geld-Gewinne durch leere oder volle Spekulationsblasen zustande kommen. In die volkswirtschaftliche Gesamtrechnung gehen Umsätze aus Rüstung und Kriegen in dem gleichen entleerten monetären Wertmaß ein, wie die Umsätze der Bau- oder Landwirtschaft. Und auch die letztgenannten produzieren und spekulieren nicht selten, als ob Häuser oder Nahrungsmittel ohne Menschen Sinn ergeben würden... Die Idee des Geldes hat durch ihre Entkopplung von den wirklichen Belangen des Lebens den übergroßen Teil ihres Wertes für das Leben verloren...

Kommen wir über diesen kleinen Umweg zurück zum Wurm und, wenn man so will, zum „Wurm" im Menschen: *Gedanken sind der Ausdruck von Gefühlen und diese wiederum sind der Ausdruck der kosmischen Orgon-Energie in den biologischen Strukturen*

---

[15] Von altgriechisch „Oikos" – Haus, Gemeinschaft

40

des Körpers. Bestenfalls sind diese Strukturen geschmeidig miteinander verbunden und der Körper ist so flexibel und sensibel, dass sich sowohl die internen energetische Wechselwirkungen als auch die Wechselwirkungen mit der Umwelt natürlich entfalten können. *Das kosmische Orgon bindet den Organismus sowohl in sich als auch in seine Umwelt* und diese Verbindung ist essentiell sowohl für den Organismus als auch die Umwelt, *da sich alle Sphären durch diese Verbindung sozusagen wechselseitig informieren. Störungen dieser Verbindung führen zur Fehlinformation der Sphären.*

Der geschmeidig integrierte Körper des Wurmes entfaltet das pulsierende Strömen der Lebensenergie zur seiner natürlichen Bewegung. Stören wir die orgonotische Integrität des Organismus, zum Beispiel indem wir den Wurm mit zwei Fingern in der Mitte greifen und halten, dann wird die harmonische Entfaltung der Lebensregungen im Wurm zerstört. Die beiden Enden des Wurmes winden sich nun voneinander entkoppelt. Der Wurm funktioniert nicht mehr als Einheit, sondern die inneren energetischen Strömungen gehen in verschiedene, sich sozusagen widersprechende Richtungen. Wenn man dieses Bild mit menschlichen Emotionen und Vorstellungen aufladen will, kann man sagen, der Wurm fühlt sich innerlich zerrissen, hat seine Einheit verloren und nunmehr eine gespaltene Persönlichkeit.

Auch wenn letzteres mit einem deutlichen Augenzwinkern gesagt ist, die Grundfunktionen und die Grundfunktionsstörungen sind im menschlichen Organismus dieselben, nur dass der Mensch ein wesentlich komplexeres bionergetisches System ist und die pulsierenden Strömungen differenzierter ineinander verschachtelt sind. Nichtsdestoweniger verlaufen auch beim Menschen die natürlichen, orgonotischen Strömungen hauptsächlich in Richtung der (vertikalen) Körperachse. Werden sie nun infolge verschiedenster denkbarer Umstände, Einflüsse und Erlebnisse gestört, so ergeben sich, je nach Dauer, Intensität und Wiederholungsrate der Störung Blockaden und Verhärtungen bis hin zu dauerhaften muskulären Panzerungen. Die Folge ist, wie beim Wurm zwischen den Fingern, die Fehl-

Richtung natürlicher energetischer Strömungen, im schlechtesten Fall massiv, vielfältig und dauerhaft.

Im Rahmen seiner klinischen Studien stellte Wilhelm Reich fest, dass dauerhafte muskuläre Panzerungen die Form horizontal zur Körperachse gelagerter Panzer-Ring-Segmente annehmen. Durch die Störung des natürlichen Energieflusses im Körper führen sie zu veränderten bioenergetischen Gleichgewichten und bilden im Zusammenhang mit dem Gesamtorganismus die bioenergetische Struktur des Menschen, sein energetisches Grund-Reaktionsmuster. Diese physische, biologische Struktur und das mit ihr gegebene „Standard"-Reaktionsmuster können als „Charakter" des Menschen angesprochen werden.

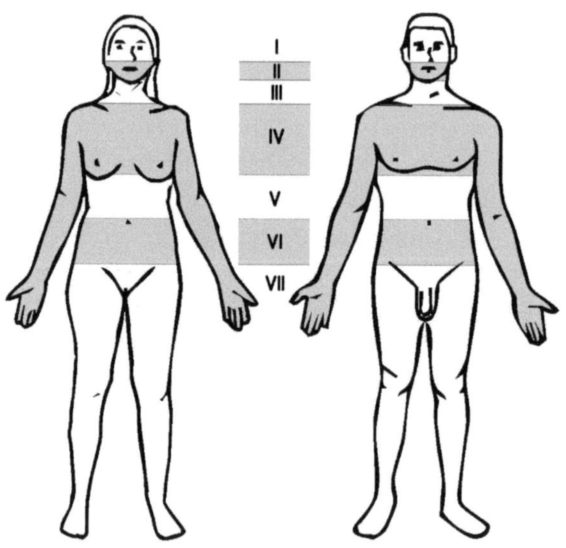

Segmente der Panzerung beim Menschen nach Wilhelm Reich: I. Augensegment, II. Mundsegment, III. Halssegment, IV. Brustsegment, V. Zwerchfellsegment, VI. Bauchsegment, VII. Beckensegment[16]

---

[16] Vgl. hierzu: Wilhelm Reich. Charakteranalyse. 3. Auflage. III. II. Die Ausdrucksformen des Lebendigen

Erinnern wir uns an die Störung des Energieflusses bei unserem Wurm. Hier war es ein äußerer Zugriff, der die natürliche Integrität vorübergehend störte. Auf den Menschen übertragen kann man zum Beispiel an das Erschrecken denken. Im Schreckmoment wird der Körper starr, sämtliche Bewegung kommt zu Stillstand, Schockstarre. Wenn sich der Schrecken wieder legt – im besten Fall, weil gar nichts Schlimmes, sondern nur etwas Unerwartetes passiert ist – wird die Panzerung des gesamten Organismus gelöst und der Bewegung wieder freier Lauf gelassen. Insofern ist alles gut. Problematisch wird es nun, wenn – durch welche Einflüsse auch immer – eine Art Schreckstarre in Teilen des Körpers zum Dauerzustand wird. Man kann hierfür unzählige Beispiele finden. Zum Beispiel der innere Drang nach Bewegung beim Kind, der durch erzwungenes Stillsitzen im Rahmen der Erziehung oder durch quasi „freiwilliges" Stillsitzen, hypnotisiert durch Fernsehen oder Computerspiele dauerhaft gehemmt wird. Bei Jugendlichen und Erwachsenen ist es nicht selten die Unterdrückung der Lust, sich liebevoll mit anderen Menschen zu vereinen, die sich aufgrund äußerer und internalisierter Hemmungen hartnäckig und regelmäßig gegen die natürlichen, dynamischen Strebungen richtet. Weiterhin kann man an dauerhaft schlechte Körperhaltungen denken, zum Beispiel das häufige Sitzen mit gekrümmtem Rücken, das nicht nur die Schultern verspannt, sondern auch die Organe in Brust und Bauch einengt.

Wie gesagt, problematisch wird es, wenn solche *Hemmungen*, *Unterdrückungen* und *falschen Haltungen* quasi chronisch werden. Das stillgestellte Kind bekommt am Ende den Hintern gar nicht mehr hoch. Sexuell dauerhaft Frustrierte spüren irgendwann überhaupt keine Lust mehr und der krumme Buckel führt irgendwann zum geknickten Menschen…

Das den genannten Prozessen zugrundeliegende Muster ist immer dasselbe. Bestimmte bioenergetische Strömungen und Pulsationen werden in ihrem natürlichen Fluss gehemmt. Infolge dessen fließt ein Teilbetrag der gehemmten Energie in die physische Realisierung der Hemmung, eine Muskelspannung zum Beispiel. Der andere Teil findet seinen Ausdruck auf Umwegen und zeigt sich also in ver-stelltem Fühlen, Denken und Handeln. Wilhelm Reich, der die grundlegende Funktion von „Trieb und Abwehr" entdeckte, veranschaulichte sie wie folgt schematisch:

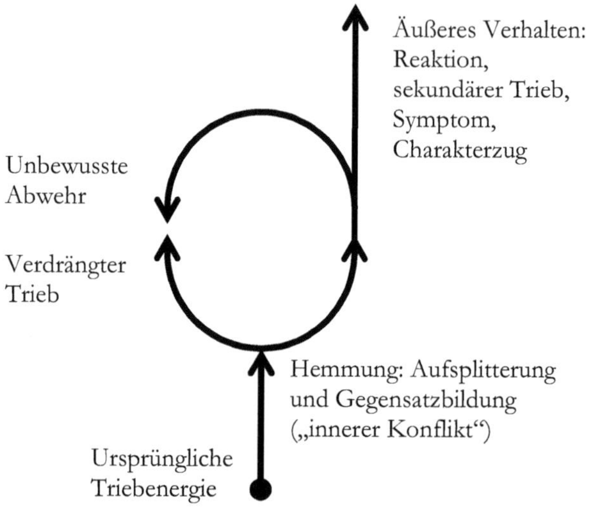

„Schema der gegensätzlich-funktionellen Einheit von Trieb und Abwehr. *Der „innere Widerstand" ist infolge der heutigen Art der Strukturbildung stets zwischen biologischem Antrieb und Handlung eingeschaltet:* Der Mensch handelt „reaktiv" und innerlich unter Widerspruch."[17]

Bei schweren, wiederholten oder gar dauerhaften Hemmungen ergibt sich aus dem Widerstreit von verdrängtem Trieb und unbewusster Abwehr eine dauerhafte Verhärtung oder Panzerung, die sowohl auf der physiologischen als auch auf der psychologischen Ebene manifest verankert wird. Das Gemeine an solchen Verhärtungen und Panzerungen ist Folgendes. Sind sie

---

[17] Wilhelm Reich. Die Entdeckung des Orgons I. VI. 3. Charakterliche Panzerung und dynamische Schichtung der Abwehrmechanismen. (Hervorhebung pk)

44

einmal etabliert, kommen sie *immer* zur Wirkung, wenn der entsprechende Trieb oder Energiefluss angeregt wird, gleich, ob im konkreten Fall auch ungeachtet dessen eine Hemmung anstehen würde oder nicht. Die ursprünglich temporäre Ver-Stellung wird zu einer sich selbst verfestigenden und sich selbst verstärkenden handfesten biologischen Struktur, – dem gepanzerten Menschen. Der psychologische Ausdruck, der Charakter des Menschen ist aber gleichsam nur der Spiegel dieser physiologischen Struktur. Dementsprechend finden sich die Verhärtungen in beiden Sphären, Körper und Geist, und man verändert die eine nicht ohne die andere!

4.1 Die bioenergetische Struktur und das Gesamt-Energieniveau des Organismus

Bewegung und Beweglichkeit sind wesentliche Merkmale des Lebendigen. Verhärtungen schränken die Bewegungsfähigkeit ein und be- oder verhindern also das Leben. Das ist trivial, aber bedeutend.

In gewisser Hinsicht sind wir (modernen Menschen) mehr oder weniger alle verhinderte Tänzer, eingesperrt, verklemmt, verschoben, verstellt... Bei „den anderen" erkennen wir meist recht schnell und häufig, dass da irgendwas im Argen liegt. An uns selbst finden wir dagegen nur recht selten und äußerst wenige bedenkliche Eigenschaften. Ziehen wir einmal in Betracht, dass das jedem Menschen so geht. Er erkennt ziemlich häufig die Probleme und Fehler „der anderen", hat aber, sagen wir mal, einen etwas eingeschränkten Blick für seine eigene Verkommenheit. Wenn das so ist, ist es besser, wir bleiben – insbesondere bei der Problemanalyse – bei „den anderen". Für „die anderen" ist es also wichtig, die eigenen Verschrobenheiten aufzuspüren und aufzulösen, denn, wie gesagt, das mit der Beweglichkeit und den Härten ist trivial aber nicht unbedeutend.

Stellen Sie sich ein kleines Geflecht von Bächen, Kanälen, kleinen Seen und Teichen in einer schönen, natürlichen Umgebung von Bäumen, Sträuchern, kleinen Wäldern und Wiesen vor. Sehen Sie auch die Pflanzen im klaren Wasser und hin und wieder einen der zahlreichen Fische über den Kieselsteinen am Grund schweben. Aus dem Schilf hören Sie Frösche quaken und zu guter Letzt scheint auch noch die Sonne durch einen angenehm leicht bewölkten Sommerhimmel.

Schneiden Sie nun einen der Teiche dieses vernetzten Biotops von all seinen Zu- und Abflüssen ab. Die Fische in diesem Teich werden verschwinden, da die Population zu klein ist, um sich ohne Zu- und Abgänge dauerhaft halten zu können. Die Pflanzen und Algen wuchern erst, dann sterben sie ab, da das Nährstoffgleichgewicht durcheinanderkommt. Das Wasser wird faulig. Der Teich „kippt um" und trocknet schließlich aus.

Ganz Ähnliches passiert, wenn Panzerungen oder Blockaden bestimmte Teile eines Organismus von den Energieflüssen im Organismus abschneiden. Und noch eine Parallele kann gezogen werden. Wenn man das Netz von Seen und Bächen als *ein* System auffasst, dann verringert sich infolge der Entkopplung und des Absterbens eines oder mehrerer Teile das Maß an Leben in diesem System. Übertragen auf den Organismus heißt das, sein Gesamt-Energiepotential sinkt.

Man kann das Bild nun noch weiter spinnen und durch gezielten Mauerbau dafür sorgen, dass Stück für Stück alles Leben der Seen und Teiche abstirbt. Vielleicht bleibt am Ende ein sauber gemauerter Kanal übrig, der sich schnurstracks durch das nunmehr leicht überschaubare Gelände zieht. Aus der Aue sind Wiesen und Felder geworden und, wenn man den Kanal gut abdichtet und es das Wetter mit der Gegend nicht so gut meint, dann werden aus den Wiesen vielleicht sogar Wüsten.

Abschließend kann man sich nun vorstellen, wie viel Wasser man dem ursprünglichen, intakten System hätte zuführen können, ohne dass es zu ersthaften Überschwemmungen gekommen wäre und wie viel Wasser der Kanal allein – ohne die Aue – nun fassen kann, bevor er über die Ufer tritt.

Nehmen wir das Wasser im Bild für die Lebensenergie Orgon und übertragen wir das Ergebnis auf den menschlichen Organismus, dann wird deutlich, dass „die anderen", die viele Mauern gebaut haben und deren Biotope schon ziemlich ausgedorrt sind, sehr vorsichtig mit der Erhöhung ihres bioenergetischen Potentials, der Zunahme von Bewegung in ihrem System sein sollten, um größere emotionale Überflutungen zu vermeiden! Eine kleine Überschwemmung hier und da ist nicht schlimm. Man muss „den anderen" aber genug Zeit lassen, sich an die höheren Wasserstände und eigentümlichen Ereignisse in den wieder belebten Gebieten zu gewöhnen. Es ist weiterhin unumgänglich, die eine oder andere Mauer – oder anders und unangenehmer gesagt, das ein oder andere Stück „Persönlichkeit" – wieder abzureißen, um die Landschaft zu re-integrieren, gefährdete Bereiche zu retten und bereits abgestorbene Bereiche wieder zu beleben. Am Ende verändert sich die ganze Landschaft und man findet sich kaum noch zurecht, wenn das Ganze zu schnell geht. Die gute Nachricht ist, dass die Mauer-Abbrucharbeiten bei weitem nicht so viel Energie verbrauchen wie der Mauerbau. Etwas Mühe und Entschlossenheit sind aber schon nötig und vor allem die unbedingte Bereitschaft, nass zu werden.

Leider ist es nicht ganz so leicht, wie das Bild nahelegt. Denn gerade, wenn man mal von „den anderen" absieht, wird es, wie gesagt, schwer, Verhärtungen, Blockaden und Fehlstellungen an sich selbst überhaupt auch nur auszumachen, geschweige denn, lange gepflegte Verhaltensweisen dann tatsächlich auch noch zu verändern. Wenn man das Projekt Wiederbelebung aber sensibel angeht und beständig betreibt, ist der Lohn im wahrsten Sinne des Wortes eine Bereicherung des Lebens, die Steigerung des eigenen Potentials und der eigenen Kapazität. Man lernt am eigenen Leib etwas über die lebendige Natur der Dinge, wird weniger anfällig gegen Krankheiten und denkt und handelt dem Leben gerechter.

5 Bleiben Sie aufmerksam

Nach diesem Ausflug in den Bereich der physiopsychologischen Funktionen des Orgons im menschlichen Organismus kommen wir nun zurück zur orgonotischen Atmosphärenbeeinflussung. All diejenigen, die hierbei mit größeren Orgon-Potentialen und Gerätschaften operieren wollen, sollten sich, neben den eben genannten, auch die folgenden Hinweise unbedingt zu Herzen nehmen.

5.1 Geben Sie dem Größenwahn keinen Raum

Cloudbusten als praktische Aufgabe des *Cosmic* ORGON *Engineering* geht weit über die technischen Möglichkeiten und Kapazitäten einer einzelnen Institution, ja selbst eines einzelnen Landes hinaus. Cloudbusten ist eigentlich eine internationale Angelegenheit, bei der nationale Grenzen keine Rolle spielen. Dort, wo das Wetter entsteht, gibt es weder Passkontrollen noch Zollbeamte. Das ist richtig so und entspricht dem *Cosmic* OR *Engineering* (C.OR.E.).

GESETZLICHE BESTIMMUNGEN FÜR DAS CLOUD-BUSTING SIND UNVERZICHTBAR, WENN EIN CHAOS VERMIEDEN WERDEN SOLL.

Wilhelm Reich. OROP Wüste.
III. B. 4. Der Aufbau von Wolken

Ihr Ego ist nicht die Macht, die beim Wolkenzerstäuben agiert (und es sollte sich daher auch nichts darauf einbilden), sondern es sind die allgewaltigen Funktionsprinzipien des Lebendigen selbst, die hier wirken. Ihnen ist mit der Entdeckung derselben nun die Möglichkeit gegeben, das ewige Wallen des Lebendigen in einem bestimmten Maß und einer bestimmten Hinsicht zu beeinflussen. Sie können zum Beispiel der Verwüstung entgegenwirken oder aber auch Unwetter auslösen. Spielen Sie also nicht unverantwortlich damit herum und überlegen und fühlen Sie immer wieder, was Sie tatsächlich verantworten, beherrschen und im Zweifelsfall auch wieder gut machen können.

5.2   Größe ist relativ

Der Mensch ist im Vergleich zu einem Wölkchen ein relativ großes Orgonpotential. Er ist aber ganz sicher nicht das größte! *Bedenken Sie die notwendigen Konsequenzen des natürlichen, bioenergetischen Potentialflusses vom niedrigeren zum höheren!* Stellen Sie sich den Fall vor, Sie arbeiten mit einem größeren Cloudbuster und einem Fluss oder See als Gegenpotential. Die konzentriert gerichteten Energieströme in den Rohren des Cloudbusters werden in diesem Fall Ihr eigenes Potential deutlich übersteigen. Es wäre daher leicht möglich, dass dieses höhere Potential nicht nur der direkten Umgebung des Cloudbusters, sondern auch Ihnen, wenn Sie sich dort aufhalten, Lebensenergie entzieht.[18] In einigen Experimenten von Reich und anderen ist genau das geschehen; bei Personen, die unter bestimmten Bedingungen größere Cloudbuster bedienten, kam es zu Krankheiten und Lähmungserscheinungen bis hin zur Tumorbildung. Auch stellte sich heraus, dass die Vegetation in der näheren Umgebung von dauerhaft wirkenden, größeren Cloudbustern abstarb.[19] Sie sollten daher die Rohre größerer Cloudbuster, die mit größeren Potentialen verbunden sind als sie eines darstel-

---

[18] Mit Hilfe des Wissens um den orgonotischen Potentialfluss vom niederen zum höheren können sie sich aber auch klarmachen, dass das Wolkenzerstäuben durch bloßes Ansehen – gleich ob nun mit Unterstützung eines CBM oder nicht – in dieser Hinsicht unbedenklich ist. Da Sie in dieser Situation das größere Potential sind, erfolgt der Energiefluss zu Ihnen hin und kann quantitativ Ihr Energieniveau nicht übersteigen.

[19] Vgl. dazu insbesondere: Arnim Bechmann. Über Wilhelm Reichs OROP Wüste. Eine Lesebegleitung.

len, nicht berühren und darüber hinaus gebührlichen Abstand wahren.

Denken Sie bitte weiterhin eingehend darüber nach, dass Sie mit größeren Operationen weit über Ihre persönliche Sphäre hinaus Wirkungen erzeugen und damit Einfluss auf das Leben von Dritten nehmen. Diese könnten Ihnen das im Zweifelsfall übel nehmen.

5.3   Wissen Sie, was Sie nicht wissen

Eine der großen Weisheiten lautet: „Ich weiß, dass ich nicht weiß." In unserer Überlieferung geht dieser Satz auf den alten Griechen Sokrates zurück, der vor etwa 2.500 Jahren lebte. Sehen Sie kurz in die Komplexität der lebendigen Welt hinaus und machen Sie sich bewusst, wie wenig Sie davon verstehen. Selbst Ihre eigenen Körperfunktionen sind Ihnen weitgehend unbekannt. Vielleicht haben Sie gerade erst begonnen, sich mit Lebensenergie zu beschäftigen und wussten bis vor kurzem nicht einmal, dass es sie gibt. Versuchen Sie sich kurz zu erinnern, wie Sie bis dahin Ihre eigenen Lebensfunktionen betrachtet haben und Sie wissen, wie beschränkt Ihre Sicht war, was Sie – in Hinsicht auf das nun neu erworbene Wissen – alles hätten besser machen können. Halten Sie dieses Gefühl fest und Sie verstehen, dass es sehr weise ist, zu wissen, was man nicht weiß. Angemessene Vorsicht, sorgfältige Beobachtung und weitere Forschung sind unerlässlich. Teilen Sie das Wissen, das Sie neu gewinnen.

5.4   Vorsicht

Bekannt ist, dass bestimmte Materialien toxische Wirkungen haben. Aluminium zum Beispiel soll Orgon derart beeinflussen, dass es bei Menschen zu Krankheiten führt. Ebenso wirken radioaktive Substanzen und elektrische Felder negativ auf die Lebensenergie Orgon, so dass Menschen, die sich in derart beeinflussten Orgonfeldern befinden, erheblichen Schaden nehmen können. Es wurde zum Beispiel experimentell festgestellt, dass Pflanzensamen in der Nähe von Netzwerk-(W-LAN-)Routern nicht keimen! Stellen Sie sich vor, dass Sie derart belastete Orgonfelder zu Ihrem Nachteil anzapfen oder unter Umständen sogar noch verstärken. Bleiben Sie aufmerksam und zögern Sie im Zweifelsfall nicht, etwas zu unterlassen!

5.5   Machen Sie sich mit dem Konzept und den Wirkungen von DOR vertraut![20]

Den Begriff DOR prägte Wilhelm Reich. Er steht für „Deadly" oder „Dead" (tödliche oder tote) „Orgon-Radiation" (Orgon-Strahlung) und beschreibt im Grunde zwei besondere Zustände der Orgon-Energie. Zum einen ihre Übererregung zum anderen ihre Lähmung. Beide Zustände führen zu einer qualitativen Veränderung der Orgonenergie, so dass sie für lebendige Organismen und also auch Menschen schädlich werden kann. In seinem natürlichen Zustand aber ist Orgon im wahrsten Sinne des Wortes Lebensenergie, eine Energie also, von der sich alles Lebendige alltäglich nährt und die ihm daher grundsätzlich zuträglich und förderlich ist.

Das Phänomen DOR erlebte Reich zum ersten Mal, als er in einem Experiment eine äußerst geringe Menge radioaktiven Materials in das sehr starke Orgon-Feld eines großen Orgonakkumulators brachte. Das Experiment sollte zeigen, ob die Lebensenergie Orgon dazu in der Lage wäre, die sozusagen

---

[20] Ausführliche Hinweise dazu finden Sie in Wilhelm Reichs Büchern über das ORANUR-Experiment, in James DeMeos „Der Orgonakkumulator. Bau, Anwendung, Experimente, Schutz gegen toxische Energie" sowie in den oben erwähnten Vorträgen von Bernd Senf (hier insbesondere: 8. Radioaktivität und Bioenergetische Erkrankung – Das Oranur-Experiment) sowie auf den Internetseiten von Jürgen Fischer: http://www.orgon.de

entgegengesetzte „Todesenergie" Radioaktivität zu schwächen oder ganz zu neutralisieren. Dementsprechend nannte Reich das Experiment ORANUR – Orgon Against Nuclear Radiation. Das Ergebnis war überraschend. In Kombination mit dem sehr starken Akkumulator versetzte die Kleinstmenge von einem Milligramm Radium die Atmosphäre über dem weiträumigen Versuchsgelände zuerst in einen derart übererregten Zustand, dass der Aufenthalt für Menschen in dieser hochenergetischen Umgebung unerträglich wurde. Nach einer gewissen Zeit kippte dieser Zustand dann in sein Gegenteil; die lokale Atmosphäre erstarb, wurde energetisch tot und blieb es.

Für den zuerst eingetretenen Zustand der Übererregung der Orgon-Energie prägte Reich später, in Anlehnung an das gleichnamige Experiment die spezielle Bezeichnung ORANUR-Effekt. Mit „DOR" oder „DOR-Wolken" wird heute meist, in einem etwas engeren Sinn, nur noch der Zustand der energetischen Lähmung von Orgon-Energie-Systemen bezeichnet. Auch wenn ORANUR- und DOR-Effekt zuerst im Zusammenhang des ORANUR-Experiments entdeckt wurden, stellte sich infolge weiterer Forschung heraus, dass Radioaktivität nicht die einzige Ursache für DOR ist. Ebenso stellt sich dieser Zustand zum Beispiel auch in Wüsten und Dürregebieten, aber auch in größeren Siedlungsgebieten ein, die nicht radioaktiv belastet sind. Es kann angenommen werden, dass auch chemische und elektromagnetische Belastungen diese Zustände auslösen bzw. verstärken.[21] Die wichtigsten Merkmale von DOR beschreibt Reich in seinem Buch „OROP Wüste" wie folgt:

Eine Atmosphäre der „Stille" und „Stumpfheit" breitet sich über der Landschaft aus, ziemlich klar abgegrenzt von nicht betroffenen, umliegenden Gebieten. Die Stille stellt sich dar als ein regelrechtes Ersterben der Lebensäußerungen in der Atmosphäre: Die Vögel hören auf zu singen,

---

[21] Vgl. hierzu insbesondere: James DeMeo. Der Orgonakkumulator.

die Frösche quaken nicht mehr. Nirgendwo ist etwas vom Leben zu hören. Die Vögel fliegen tief oder halten sich in den Bäumen verborgen. Tiere drücken sich am Boden entlang, ihre Bewegungsfähigkeit ist stark eingeschränkt. Die Blätter und Nadeln der Bäume sehen sehr „traurig" aus; sie hängen herab, verlieren ihre Spannkraft und die Fähigkeit sich aufzurichten. Die Seen und die Luft verlieren alles Funkeln, alles Flimmern. Die Bäume wirken schwarz, als ob sie absterben. Der allgemeine Eindruck ist tatsächlich der, dass die Natur in *Schwärze*, oder besser in *Stumpfheit*, verfällt. Nicht, dass sich etwas „*auf* die Landschaft legen" würde – *es ist vielmehr so, als ob das Pulsieren des Lebens AUS der Landschaft verschwände.*

Wilhelm Reich. OROP Wüste. III. A. DOR-Beseitigung, Cloudbusten, Nebelauflösung

6 Regenmachen

6.1 Die Erfindung des Cloudbusters

Die lebensbedrohlichen Umstände infolge des ORANUR-Experiments in der Umgebung von Reichs Forschungslabor in Orgonon, Maine, USA, drängten ihn 1952 dazu, Mittel und Wege zu finden, um die krankmachende Konzentration von DOR in der Atmosphäre dort zu entfernen. Seine diesbezüglichen Bemühungen führten letztendlich zur Erfindung des Cloudbusters. Etwa 12 Jahre zuvor hatte er bei Experimenten zur Sichtbarmachung von Orgon beobachtet, dass lange Metallrohre, die am Ufer eines Sees abgelegt waren, scheinbar Einfluss auf die Wellenbildung hatten. Diese Beobachtung der Wirkung von Metallrohren auf energetische Abläufe wie Wellenbewegungen erschien ihm selbst damals unglaublich. Sie ging ihm, vielleicht gerade deswegen, über 12 Jahre nicht aus dem Kopf. Im Zusammenhang mit den in der Zwischenzeit gewonnenen Erkenntnissen über die Funktionen der Orgon-Energie veranlasste ihn diese Beobachtung nun dazu, einige, etwa drei Meter lange Metallrohre mit einem Tiefbrunnen zu verbinden und sie auf die DOR-Wolken zu richten. „Die Wirkung trat unmittelbar ein: die schwarzen DOR-Wolken begannen zu schrumpfen."[22]

Die Methode wurde zuerst zur Verbesserung der Situation auf Orgonon eingesetzt, dann weiter erforscht und weiter entwickelt und in der Folge auch zur Wiederbelebung von Wüstengebieten zur Anwendung gebracht, sowohl von Wilhelm Reich als auch von anderen nach ihm.[23]

---

[22] Wilhelm Reich. OROP Wüste. III. A. 4. Reaktionen des Geigerzählers
[23] Zum Beispiel hat James DeMeo mehrere ORGON Operationen in Dürregebieten durchgeführt. Weitere Information dazu finden Sie auf seiner

6.2 Regenmachen

Die grundlegenden Funktionsprinzipien der orgonotischen Atmosphärenbeeinflussung haben Sie in den vorangegangenen Kapiteln kennengelernt. Abschließend wollen wir nun, nach dem Wolken-*zerstäuben*, auch das Wolken-*entstehen-lassen* noch etwas näher betrachten und diese Anwendungsmöglichkeit des Cloudbusters erläutern.

Die technischen Aufwände, ein gesunder, natürlicher Respekt vor der Sache und das im Kapitel 5 umrissene Wissen haben mich bisher davon abgehalten, eigene Erfahrungen auf dem Gebiet des Regenmachens und der großräumigen orgonotischen Atmosphärenbeeinflussung zu sammeln. Gleichwohl bin ich zu einem recht intensiven Beobachter des orgonotischen Wetters geworden und musste feststellen, dass wirklich gutes Wetter doch wesentlich seltener ist, als man annehmen könnte. Es kommt daher nicht selten der Wunsch auf, das erworbene Wissen und die praktischen Erfahrungen zu nutzen, um die, meines Erachtens zu häufig schlechten Situationen, zu verbessern…

Da mir aber die eigene Erfahrung auf diesem Gebiet fehlt, werde ich mich in der folgenden Darstellung auf die Prinzipien beschränken, soweit sie mit hinreichender Sicherheit aus der Theorie abgeleitet werden können und in bisherigen Versuchen bestätigt wurden. Bereits im Kapitel 1 war gesagt worden, dass das Wolken-*zerstäuben* gleichsam nur eine Seite der Medaille darstellt. Der ebenfalls in Kapitel 1 eingeführte Begriff der „Himmelsakkupunktur" ist nun ein guter Ausgangspunkt, um

---

Internetseite: http://www.orgonelab.org – Aktuell läuft ein Projekt zur Wüstenbegrünung in Algerien, bei dem unter anderem die orgonotische Atomsphärenbeeinflussung angewandt wird. Weitere Information dazu finden sie im Internet auf: http://www.desert-greening.com. Eine Aufstellung verschiedener Orgon-Operationen mit dem Cloudbuster in der Zeit von 1952 bis 1995 findet sich in: Arnim Bechmann. Über Wilhelm Reichs OROP Wüste und Orgonforschung.

einen Blick auf die andere Seite der Medaille zu werfen. Bei der Akkupunktur werden bestimmte Punkte auf den Energiebahnen unseres Körpers stimuliert, um so den natürlichen Fluss der Energie in unserem Körper wieder herzustellen oder anzuregen. Ganz Ähnliches geschieht bei der Himmelsakkupunktur. Es geht, wenn man von der schlechtest möglichen Situation (DOR) ausgeht, im Grunde zuerst einmal darum, die ansonsten natürlich fließende und pulsierende Orgon-Energie in der Atmosphäre wieder in Bewegung zu bringen.

Auf dem folgenden Foto sieht man – zumindest auf den ersten Blick – einen schönen klaren Frühlingstag. Schaut man aber genauer hin, dann erkennt man, dass der Himmel vom Zenit zum Horizont hin seine blaue Farbe immer mehr verliert. Über dem Horizont geht das immer milchiger werdende Blau dann in grau über, mit einem leicht gelblichen oder bräunlichen Ton. Dieses Bild ist in allen Richtungen um den Standort herum dasselbe. Kaum ein Lüftchen weht, keine Wolken am Himmel, höchsten ein paar milchig-schleirige Fetzen oder ähnlich trübe aussehende Reste von den Kondensstreifen der Flugzeuge. Man sieht und hört nur spärlich Vögel. Die gesamte Landschaft und Szenerie erscheint wie gelähmt. Treten solche Situationen in den wärmeren Monaten auf, so empfindet man die Wärme oder Hitze als drückend und schwer. Dass an solchen Tagen nicht der ganze Himmel getrübt ist, sondern man nach oben hin eine bessere Sicht hat als in die Ferne, liegt daran, dass man zum Horizont hin tiefer in die schlechte oder gar tote Luft hineinsieht und sie so deutlicher erkennt. Nach oben hin ist die Schicht offensichtlich nicht so weit ausgreifend und wirkt daher weniger farbverfälschend auf die Wahrnehmung des darüber liegenden, blauen Himmels. *Die messbare Orgon-Konzentration erreicht an solchen Tagen einen Tiefpunkt. Die Atmosphäre ist tot, das stillgestellte Orgon bildet keine Potential-Differenzen. Unter Umständen hat man es mit ausgeprägtem DOR zu tun, also mit allem anderen, als einem schönen Tag und gutem Wetter.* Sensible Menschen spüren solche Umweltbedingungen auch körperlich. Sie fühlen sich matt, niedergeschlagen oder haben sogar Schmerzen.

Merseburg, 20.03.2015, 8:40

Zum Vergleich zeigt das folgende Bild dieselbe Szene an einem deutlich schöneren Tag. Die Luft ist deutlich klarer, die Wolken zeigen schön ausgeprägte Potentialdifferenzen des atmosphärischen Orgons. Die ganze Szene wirkt freundlicher.

Merseburg, 04.04.2015, 14:48

Mit Hilfe des Cloudbusters (CB) kann nun eine derart schlechte orgonotische Situationen verbessert und die Atmosphäre im wahrsten Sinne des Wortes aufgelockert, das heißt energetisch wieder belebt und in Bewegung gebracht werden. Das folgende Experiment dokumentiert eine solche Auflockerung.

Bild 1, 20.3.15 8:40

Bild 2, 20.03.15, 10:50

Bild 3, 20.03.15, 11:56

Bild 4, 20.03.15, 13:35

Die Bilder 1 bis 4 zeigen Wasserdampf aus einem Braunkohlekraftwerk aufsteigen. Die Veränderung von Bild 1 zu Bild 2 ergab sich, nachdem mit einem schwachen Cloudbuster aus etwa fünf Kilometer Entfernung über etwa zwei Stunden Orgon bzw. DOR abgezogen wurde. Dabei wurde, etwa alle 20 Minuten wechselnd, ein gutes Stück weit mittig, rechts und links über den Wasserdampf gezielt. Der Wasserdampf zerstiebte in der Folge weniger schnell, stieg höher und das sichtbare Volumen nahm zu. Über kurze Zeit hielten sich eigenständige kleine Wölkchen in dem orgonotisch aufgelockerten Gebiet. Bild 3 zeigt, dass sich auch eine Stunde nach dem Ende der Anwendung des Cloudbusters die leicht verbesserte Situation noch hielt. Jedoch reichte, wie Bild 4 zeigt, der Impuls unter den gegeben Bedingungen nicht aus, um die Situation längerfristig nachhaltig zu verbessern. Weiterhin kann man erkennen, dass auf Bild 2 der schmutzige Schleier stärker als auf Bild 1 erscheint. Das kann dahingehend gedeutet werden, dass durch die Anwendung des CB die schmutzige, tote Luft aus dem fotografierten Gebiet abgezogen wurde und sich infolge dessen in dem Raum vor dem CB konzentrierte. Nach Einstellung der Anwendung verliert sich dementsprechend dieser Effekt, wie Bild 3 zeigt. Auf Bild 4 kann man dann – vielleicht als kleinen Erfolg der Operation – einen kleinen Rückgang der Verschmutzung und ein leichtes Aufklaren der Atmosphäre ausmachen, wenn man mit der Ausgangssituation auf Bild 1 vergleicht.[24]

Das Experiment verdeutlicht auch, wie wichtig die Ausgangssituation in Hinsicht auf die zu betreibenden Aufwände ist. Hat man es mit ausgeprägten DOR-Situationen oder ausgesprochen niedriger Luftfeuchte zu tun, bedarf es bereits erheblicher Aufwände, um überhaupt erst einmal hinreichend aktives Orgon und Wasser in die Atmosphäre am entsprechenden Ort

---

[24] Das Kraftwerk liefert Grundlast, die nur alle 24 Stunden angepasst wird, so dass der Wasserdampfausstoß über die Zeit des Experiments konstant war.

zu bekommen. Bei gutem orgonotischen Wetter fallen diese Aufwände weg und es ist entsprechend leichter, die Entstehung größerer Wolken zu befördern. Man bedient sich dabei derselben Prinzipien, die auch beim Wolkenzerstäuben zum Tragen kommen. Nachdem man mit der bekannten Methode ggf. vorhandenes DOR abgezogen hat – dabei sind die Hinweise unter 5.2 und 5.4 unbedingt zu berücksichtigen – ändert sich im nächsten Schritt die Herangehensweise, obwohl die Methode des „Abziehens" beibehalten wird. Geht es beim Wolkenzerstäuben darum, das Energiepotential einer Wolke soweit *zu verringern*, dass sie sich auflöst, so geht es beim Wolken- bzw. Regenmachen nun darum, Potentialdifferenzen in der Atmosphäre ggf. erst einmal zu erzeugen und dann immer weiter *zu verstärken*, so dass sich Wolken bilden, wachsen und schließlich so groß und schwer werden, dass sie sich natürlich entladen und abregnen. Um den Wechsel in der Herangehensweise zu verdeutlichen, nehmen wir an, dass auch an lahmen Tagen die Orgon-Konzentration in der Luft nicht Null, sondern lediglich gering ist und dass das Orgon so gleichmäßig verteilt ist, dass das Spiel des orgontischen Potentialflusses nicht ohne weiteres von selbst zum Tragen kommen kann. Nehmen wir weiterhin an, dass genug Wasser in der Atmosphäre vorhanden ist, dass die Luftfeuchtigkeit also hinreichend hoch ist.

Senken wir in einer solchen Situation, mit der bekannten Methode des Abziehens, das Orgon-Potential in einem bestimmten Bereich des Himmels, so ergibt sich zu dem angrenzenden Bereich eine entsprechende Potentialdifferenz. Senken wir nun das Potential nicht nur an einer Stelle, sondern tun das an mehreren Orten, zum Beispiel in einem Kreis um ein ausgemachtes Gebiet herum, so stehen die Chancen gut, dass sich in dem umrissenen Gebiet eine Wolke bildet. Die erzeugte Potentialdifferenz entwickelt dabei eine Eigendynamik, die das in der Mitte entstandene, höhere Potential weiter verstärkt und letztendlich genug Wasser und Orgon bindet, um eine Wolke zu bilden.

1 – Gleichmäßige
Verteilung von
Wasser und Orgon

2 – Abziehen von
Orgon um ein
Gebiet herum

3 – Konzentration
von Orgon und
Wasser in diesem
Gebiet

Dasselbe Prozedere kann auch im Umfeld bestehender Wolken durchgeführt werden und dafür sorgen, dass diese wachsen. Erinnern Sie sich, das Wasser verschwindet nicht vom Himmel, wenn Sie eine Wolke auflösen. Sie sorgen durch den Abzug von Orgon lediglich dafür, dass es sich an dem bisherigen Ort nicht mehr zusammenhalten kann. Lösen Sie also an einem leicht bewölkten Tag eine der zahlreichen Wolken auf, ist es beinahe unumgänglich, dass sich an einer anderen Stelle eine neue Wolke bildet oder eine bereits bestehende größer wird, und zwar nicht zufällig, sondern weil Sie die Bedingungen verändert haben. Man kann also das Wolkenmachen mit dem gezielten Wolkenzerstäuben kombinieren und mit einem guten Gespür für die Gesamtsituation unter guten Bedingungen recht schnell eindrucksvolle Resultate erzielen.

Es wird aber, wenn man sich in der Praxis bewegt, auch recht schnell deutlich, dass der ganze Prozess des Wolkenaufbaus recht komplex ist. Man muss viele Einflussfaktoren kennen und einbeziehen, um wirklich die Ergebnisse zu erhalten, die man sich wünscht und das auch noch an der gewünschten geographischen Stelle. Es nützt ja nichts, wenn Sie über einem Dürregebiet Regenwolken erzeugen, diese dann aber meilenweit davon entfernt abregnen. *Unkontrolliertes Vorgehen wird notwendig unkontrollierte Folgen haben.* Arbeiten Sie sich also tiefer in das vorhandene Wissen ein und fangen Sie – wenn Sie gar nicht anders können – klein an. Sammeln Sie Erfahrung und entwickeln Sie ein Gespür für die jeweiligen Situationen. Und denken Sie daran, wenn Sie mit ihren Operationen weiter ausgreifen, beeinflussen Sie die Umwelt weiträumig, Wolken ziehen weiter und Orgon-Operationen haben Fernwirkungen. Wenn Sie Mist bauen, hätten die davon betroffenen Menschen alles Recht, Ihnen Ihr Wirken übel zu nehmen.

Es gibt in diesem Zusammenhang noch vieles mehr zu erfahren und zu lernen und sicher auch noch eine Menge bisher Unbekanntes zu entdecken. Bekannt ist zum Beispiel, dass die Orgonhülle der Erde ziemlich kontinuierlich um die Erde strömt. Dass sich diese Hülle in pulsierenden Wellen regelmäßig ausdehnt und zusammenzieht, insbesondere im Wechsel von Tag und Nacht. Weiterhin ist die Vermutung begründet, dass kosmische Orgonströme mit der Orgonhülle der Erde wechselwirken (– was zum Beispiel die Folgen „unserer" Atomtests weit in den Weltraum hinaustragen kann). Die Galaxien oder sogenannten Spiralnebel könnten, wie Wilhelm Reich gezeigt hat[25], durchaus Wirbel mehrerer kosmischer Orgonströme sein. Weiterhin gibt es neben der hier beschriebenen Methode der Potentialverringerung durch „Abziehen" auch Methoden zur direkten Erhöhung des Orgonpotentials. Ansätze dazu konnten Sie vielleicht bereits in den Abschnitten über DOR und das ORANUR-Experiment aufspüren. Man kann das atmosphärische Orgon mit radioaktivem Material gezielt anregen, aber leicht auch übererregen, mit verheerenden Folgen, wie das ORANUR-Experiment gezeigt hat. Nach seinen diesbezüglich einschlägigen Erfahrungen hat Wilhelm Reich auch diesen Effekt nutzbar gemacht und bei Orgon-Operationen (OROP) zur Wüstenbegrünung angewendet. Kurz vor Ende seines Lebens haben ihn diese Operationen dann noch weiter über das bis dahin bekannte und als sicher angesehene „Gelände" hinausgeführt…

---

[25] Vgl. Wilhelm Reich. Die kosmische Überlagerung.

Schluss

Anliegen dieses kleinen Buches war es, Sie auf das Feld der orgonotischen Atmosphärenbeeinflussung zu führen und Ihnen das nötige Wissen an die Hand zu geben, um sich mittels Ihrer eigenen Erfahrung ein erstes Urteil über die Existenz und Wirkungsweise der Lebensenergie Orgon bilden zu können. Es wäre schön, wenn es gelungen ist, Ihre Neugier zu wecken und Sie ein Gefühl für die Möglichkeiten entwickelt haben, die sich aus der Anwendung und weitergehenden Nutzbarmachung dieser Technologie ergeben, – auch in Bereichen jenseits der Wetterbeeinflussung. Ich will den Bogen an dieser Stelle nicht überspannen, aber in Anbetracht der zunehmenden Verwüstung unseres Planeten ist „die Wiederentdeckung des Lebendigen"[26] angezeigter denn je, und die Kenntnis und Erforschung der natürlichen Lebensenergie Orgon kann ein bedeutender Baustein bei der Überwindung der zügig immer prekärer werdenden Lage sein. Ich würde mich daher freuen, wenn Sie Ihrer Neugier in diesem Bereich nach- und in Ihrem Denken und Handeln einen Schritt weiter gehen.

Pierre Kynast
Merseburg, April 2015 / 127 N.Z.[27]

---

[26] Bernd Senf
[27] Vgl. zur neuen Zeitrechnung: Friedrich Nietzsche. Der Antichrist. 62. Sowie ebd.: „Gesetz wider das Christenthum"

Warum ist der Himmel blau?

Die Biogenese und eine kleine orgonomische Farbenlehre

Die Formbildung des Lebendigen im Orgonexperiment XX[28] vereinigt zahlreiche bioenergetische und biofunktionelle Erscheinungen zu einem einzigen Ergebnis von großer Bedeutung: Dieses Experiment reproduziert den Prozess der *primären Biogenese*, also die *erstmalige* Entstehung plasmatischer, lebendiger Materie durch Kondensation massefreier kosmischer Orgonenergie. Dieser Schluss folgt logisch aus der Tatsache, dass in einer klaren Lösung von Bionwasser hoher orgonotischer Potenz durch Einfrieren organische Formen zur Entwicklung kommen, die alle Eigenschaften des Lebendigen haben: *Formbildung, Pulsation, Reproduktion, Wachstum und Entwicklung.* […]

Bionwasser hat eine gelbe Farbe von unterschiedlicher Intensität, die bis ins Braun hineinreichen kann. Man denkt in diesem Zusammenhang unwillkürlich an die Produktion des *gelblichen* Harzes der Bäume, des *gelben* Honigs der Bienen, an die *gelbe* Farbe des Blutserums der Tiere, an das *Gelb* des Urins und so weiter. Von großer Bedeutung ist auch der „Zuckerspiegel" im lebenden Organismus. So scheint sich nun die Lücke in der Biologie zu schließen, die bisher das Rätsel enthielt, in welcher Weise die Pflanzen „Sonnenenergie" in Kohlenhydrate und die festen Zelluloseformen zu verwandeln vermögen. „Sonnenenergie" ist unser Orgon, das von den Pflanzen direkt aus

---

[28] Vgl. Wilhelm Reich. Die Entdeckung des Orgons II. Der Krebs.

dem Erdboden und aus der Atmosphäre aufgenommen wird.

Hier ist das Verhalten der Blätter von immergrünem Efeu von Interesse: Die Blätter verlieren im Winter ihr *Grün* bis auf die Adern, die grün bleiben und den Verzweigungen des Gefäßsystems entsprechen. Der Rest wird im Winter *gelbbraun*. Im Frühling breitet sich das Grün langsam wieder von den Blattgefäßen über das ganze Blatt aus. Dieses Phänomen gestattet die Annahme, dass sich im Winter das biologische Orgon von der Peripherie der Blätter zurückzieht, dass es, mit anderen Worten, genau wie im Experiment XX gesehen, aufgrund der Kälte „kontrahiert", um im Frühling wieder zu expandieren. Der welke Teil der Efeublätter „belebt sich wieder".

Der Farbwechsel von Grün zu Gelb im Herbst und von Gelb zu Grün im Frühling wird plausibel, wenn man ihn als orgonotische Funktion betrachtet: Im Sinne der klassischen Forschung ergibt sich Grün aus der Mischung von Gelb und Blau. Blau wiederum ist die spezifische Farbe der Orgonenergie, wie sie sich in der Atmosphäre, im Ozean, in Gewitterwolken, in „roten" Blutkörperchen, in Protozoen usw. und auf *farbempfindlichen Fotoplatten* nach der Bestrahlung mit Erdbionen zeigt.

Wilhelm Reich
Die kosmische Überlagerung
4. Das lebendige Orgonom

Weiterführende Literatur

Wilhelm Reich

Die Entdeckung des Orgons I. Die Funktion des Orgasmus. Sexualökonomische Grundprobleme der biologischen Energie. Kiepenheuer & Witsch. Köln. 2009

Die Entdeckung des Orgons II. Der Krebs. Kiepenheuer & Witsch. Köln. 2009

Die Bionexperimente. Zur Entstehung des Lebens. Zweitausendeins. Frankfurt am Main. 1995

Die kosmische Überlagerung. Über die orgonotischen Wurzeln des Menschen in der Natur. Zweitausendeins. Frankfurt am Main. 1997

Das ORANUR-Experiment (I). Erster Bericht (1947–1951). Zweitausendeins. Frankfurt am Main. 1997

Das ORANUR-Experiment (II). Zweiter Bericht (1951–1956). Contact With Space / OROP Wüste Ea (1954–1955). Zweitausendeins. Frankfurt am Main. 1997

OROP Wüste. Raumschiffe, DOR und Dürre. Zweitausendeins. Frankfurt am Main. 1995

Äther, Gott und Teufel. Nexus Verlag. Frankfurt am Main. 1983

Rede an den kleinen Mann. Fischer Taschenbuch Verlag. Frankfurt am Main. 1984

Christusmord. Die emotionale Pest des Menschen. Zweitausendeins. Frankfurt am Main. 1997

Viktor Schauberger

Unsere sinnlose Arbeit – Die Quelle der Weltkrise. Der Aufbau durch Atomverwandlung, nicht Atomzertrümmerung. Erste Ausgabe 1933. Nachdruck: Schauberger-Archiv und J. Schauberger Verlag. Bad Ischl. 2001

Weitere Texte von Viktor Schauberger finden sich in:

- Jörg Schauberger. *Viktor Schauberger. Das Wesen des Wassers.* Originaltexte, herausgegeben und kommentiert von Jörg Schauberger. AT Verlag. Baden und München. 2006
- sowie in der Zeitschrift *Implosion. Biotechnische Nachrichten.* (Hrsg. Verein für Implosionsforschung und Anwendung e.V. Offenburg)

Weitere Literatur

Arnim Bechmann. *Über Wilhelm Reichs OROP Wüste und Orgonforschung.* Eine Lesebegleitung. Zweitausendeins. Frankfurt am Main. 1995

James deMeo. *Der Orgonakkumulator.* Bau, Anwendung, Experimente, Schutz gegen toxische Energie. Ein Handbuch. Zweitausendeins. Frankfurt am Main. 1994

Bernd Senf. *Die Wiederentdeckung des Lebendigen.* Omega Verlag. Aachen. 2012 – Weitere Schriften und Videos auf http://www.berndsenf.de

Nach Reich. Neue Forschungen zur Orgonomie. Sexualökonomie. Die Entdeckung der Orgonenergie. Hrsg. James deMeo & Bernd Senf. Zweitausendeins. Frankfurt am Main. 1997

Jürgen Fischer. Verschiedene Schriften auf: http://www.orgon.de

Platon. *Timaios.* In: Platon. Sämtliche Werke. Bd. 4. Rowohlt. Reinbek bei Hamburg. 1994

William Gleason. *Aikido and Words of Power.* The Sacred Sounds of Kototama. Destiny Books. Rochester, Vermont. 2009

Trialektik

Entwurf eines metaphysischen Schemas zur Beschreibung und Beherrschung der Wirklichkeit

Beweis der Drei: Was ist, kann was es ist nur sein im Kontrast zu einem anderen und erfasst von einem Dritten.

Dies ist die Essenz oder, besser gesagt, der Gipfel, der mit diesem Buch erreicht ist und ausdrücklich nicht bloß Erkenntnistheorie. Der vorliegende Grundriss zur Trialektik ist unter der Prämisse, dass nichts nicht ist, als Metaphysik entwickelt worden. Unter anderem ist damit eine Möglichkeit formuliert, überkommene Dualismen zu entspannen und in einer umfassenderen Sphäre aufzuheben. Das vorgestellte Modell bewirbt sich darüber hinaus als Basis einer originär dreiwertigen Logik und Grundlage zur Übersetzung von Sprachen.

132 Seiten

Gebundene Ausgabe 32,99 € ISBN 9783943519013
Taschenbuch 12,99 € ISBN 9783943519020
E-Book 9,99 € ISBN 9783943519037

pkp Verlag

Friedrich Nietzsches Übermensch

Eine philosophische Einlassung

Prometheus schenkte den Menschen das Feuer und Nietzsche entfachte es erneut. Überwinder der Götter und Befreier der Menschen waren sie, – Leidende, wissend, dass nichts geschaffen wird, ohne dass etwas zu Grunde geht. Um dem Leiden einen Sinn zu geben, dazu ward der Übermensch erfunden. Und dass er wachse, dazu ward einmal kräftig in die Glut geblasen.

Die höchste Kunst im Jasagen zum Leben, die Tragödie, wird wiedergeboren werden, wenn die Menschheit das Bewusstsein der härtesten, aber nothwendigsten Kriege hinter sich hat, ohne daran zu leiden... *(Friedrich Nietzsche)*

160 Seiten

Gebundene Ausgabe 34,99 € ISBN 9783943519044
Taschenbuch 14,99 € ISBN 9783943519051
E-Book 9,99 € ISBN 9783943519068